しつけの常識にしばられない

犬との
よりそイズム

Doggy Labo 代表
中西典子

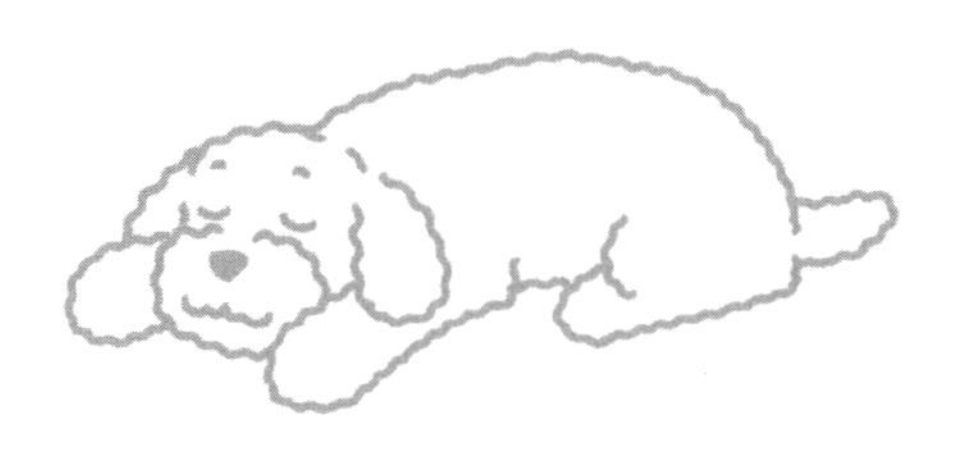

緑書房

はじめに

この本のタイトルにある「よりそイズム」とは、私の造語です。関係のあり方を指す言葉で、人と人、人と動物、植物、環境など、「この世に存在するすべてのもの同士の理想的な関係」を追求する言葉として考えました。
「よりそう」という言葉には、相手を受け入れる、という意味を持たせています。「受け入れる」とは、あなたはあなた、私は私。つまり、「あなたは私の理想通りであってほしい」という押しつけではありません。それは、「一体感」ではなく「離別感」。人と犬との共生において、犬だけが我慢するのではなく、お互いの習性を尊重し、受け入れた上で共生すべきである、という強いメッセージも込められています。「受け入れることで信頼が生まれる」とは、アメリカンインディアン・ラコタ族のロイ・サークルベアの教えです。

この言葉は、甘噛みをして「遊ぼう!」というメッセージを送っただけなのに、あるドッグトレーナーに危うく命を奪われそうになった２kgほどの小さなトイ・プードル、ノエルとの出会いがきっかけで生まれました。人は、犬の習性を正しく理解できているだろうか？「人と犬との共生」とよくいわれているけれど、人の都合で犬ばかりが我慢を強いられるような共生になっていないだろうか？　そんな疑問が湧いてきて、それは日に日に大きくなっていったのです。

「よりそイズム」には、３つの原則があります。

1　社会、他人に迷惑をかけない
2　飼い主、本犬に危険が及ばない
3　お互いハッピーなら、お願いしよう

1と2をクリアしているなら、犬たちをありのままで犬らしく生きさせてあげることが人としてあるべき姿であり、本当の意味での共生なのではないか、と私は考えています。そして、さらに歩み寄り合うとするならば、3を実践してほしいのです。

幸い犬という動物は、お願いすると応えてくれます。人だけがハッピーなのではなく、犬もハッピーになれるのなら、「お願いしてやってもらう」。それが、これからあるべき共生のあり方だと信じています。

この本は、パートナーとして、家族として犬たちと室内で暮らす人、そしてありのままの愛犬を愛したい、人という種と犬という種の理想的な共生を目指したい人のサポートができたら、という思いで書きました。ですから、何か特別な作業をさせるための犬たち（使役犬や作業犬）との付き合いに関しては、すべてがそのまま当てはまらないことがあるかもしれません。そこはご了解いただけましたら幸いです。

犬だけに限らず「らしく生きる」ということは、人や動物、犬たちのQOL（Quality Of Life／生活の質）にとってとても重要で、その寿命にも大きく影響するものだと考えられています。この本を読んでいただき、いま一度みなさんの愛犬が犬らしく生きられているか、見直すきっかけになれば、大変うれしく思います。

前半では、私がなぜ今主流となっている犬のしつけをおかしいと思うようになったのか、その理由について詳しく記しました。後半は、おかしいと思われる具体的なしつけの常識を挙げていき、それに反論しています。

この本をベースに愛犬との関係を振り返っていただき、お互いのQOLをアップさせて、いつまでも元気で幸せに付き合えるようになっていただけますように。心よりお祈りしています。

contents

contents

中西家の犬たち

私がこれまでに一緒に
暮らした（暮らしている）
犬たちをご紹介します。
本文にも何度か出て来ますので、
お見知りおきを！

左から順
（年齢は2017年末現在）

クロノス
（♂／4歳）
元保護犬。左目を失明しているが、生活にはまったく支障なし。体重9kg超のビッグ・シュナなのに、いちばん繊細（笑）。てんかん持ち。

エリオス
（♂／5歳）
全盲の元保護犬。「本当は見えているのでは？」と思うほど、日常生活にはほぼ支障なし。前向きで明るく、何にでも挑戦するチャレンジャー。

フーラ
（♀／12歳）
出産を一度経験し、5頭の子犬を立派に育て上げたママ犬。悪さはしないが、いうことも聞かない。飼い主は召使いだと思っている（笑）。

アクセル
（♂／15歳）
現在、わが家の最年長。面倒見がよく、フーラの子犬たちの教育係も務めた。頼れるお兄さん。K9ゲームでの最高のパートナー。

アトラス
（♂／10歳）
フーラの息子で、誕生後そのままわが家の一員に。生まれた瞬間に立ち会ってからずっと一緒にいるので、思い入れはまた格別。

ロック
（♂／2007年没）
私が自分の責任で初めて飼った犬。特別な絆で今も結ばれていると感じる。今の私があるのは、この犬のおかげ。

コタロー
（♂／2013年没）
「こんなにやさしい犬にはもう会えないのでは！」と思えるほど、やさしくておっとり、天使のようなシュナウザー。

PART 1

ナカニシ式・犬と人との関係論

犬にまつわる情報、犬のしつけに関する常識があふれる昨今。
それが本当なのか、
もっとステキな付き合い方があるのではないか。
今までの豊富な経験をもとに、
愛犬ともっと仲良くなれる「よりそイズム」を提案します。

ナカニシ、イヌにあう
〜使命降臨〜

「うちの犬には〝噛みぐせ〟があります」

そうおっしゃる飼い主さんは結構多いのですが、そんな「くせ」はありません。犬が噛むのはくせなんかではなく、噛む〝理由〟があるからです。

今の「犬のしつけ」、何かおかしいと思いませんか？　私がそれを確信したきっかけは、ある小さなトイ・プードルとの出会いでした。

飼い主さんのお宅へ伺ってしつけのアドバイスをする仕事を始めるため、２００２年に「Ｄｏｇｇｙ Ｌａｂｏ」を立ち上げてから12年後の２０１４年、私は運命的な出会いをすることになりました。犬の名前はノエル、体重２kgほどの小さなトイ・プードル、４歳の男の子です。

「本気で噛むので困っている」という飼い主さんからの相談で、私はレッスンをするために彼に会いに行きました。初めて会ったとき、ノエルは広いサークルに入れられていて、私に向かって必死に吠え続けていました。少し落ち着いてから、噛むのではないかと心配する飼い主さんを説得して、ノエルをサークルから出してもらうことにしました。

「本当に気をつけてください、手を出さないでください！」

私がノエルに噛まれないように心配して、飼い主さんはそういいました。ここで噛まれてしまっては、飼い主さんのことも傷つけてしまいますので、私は慎重に行動しました。幸い怖くて吠えているようなので、向こうから激しく襲ってくる可能性は低く、できるだけ刺激しないように、そして目を合わせないようにして、穏やかな声で、できるだけ体の力を抜き、極力動かないようにして飼い主さんと話を始めました。

話をしているあいだ、ノエルはおそるおそる私に近づいてきて、私が自分のほうを見ていないことを確認し、スキを狙っては私の匂いを嗅いでいました。目が合うと脅かしてしまい、吠えさせることにつながるので、私はまるでノエルには関心がないかのようにふるまいました。

ノエルが噛むようになったのには、明確な理由がありました。4年前、ノエルが4か月齢のときのこと。「甘噛みをする」ということでしつけのスクールに預けられました。当時は(今も?)、「甘噛みをする犬はダメな犬。即やめさせるべき」という考え方が正しいものとしてまかり通っていたのです。それを信じた飼い主さんは、自分たちではどうすることもできず、プロにお願いしようということで、あるしつけのスクールにノエルを預けました。

「甘噛みの芽は摘んでおきましたから」

ある日、お迎えに来た飼い主さんに、ドッグ・トレーナーはそういい放ったそうです。トレーナーの説明によると、ノエルは罰によって甘噛みをしないようにトレーニングされたそうですが、その罰に耐えきれず気絶してしまったとか！　その話を聞いた私は、あまりにもびっくりして思わ

ず「気絶ですか⁉」と叫んでしまいました。
ノエルはどんなに怖かったでしょう。甘噛みをやめさせられるために気絶させられてしまったなんて、何てかわいそうなことを！　しかも、罰に耐えられなかったその小さなプードルを、担当トレーナーは「気が弱くてダメな犬」と表現したそうです。それを聞いた私は怒りのあまり、冷静にレッスンするどころではなくなってしまいました。といっても、飼い主さんだって被害者です。私は、とにかく今通っているスクールは辞めてもらうようお願いし、もしやめられないならレッスンの依頼は受けられない旨を伝えました。

甘噛みは、「あなたが好き、遊ぼう！」という犬からのメッセージです。幼い子犬が「遊ぼう！」と言ったら、理不尽に恐怖と痛みを与えられ、気絶までさせられてしまった。本当にとんでもない話です。「犬のしつけの常識」が、明らかに間違っている証拠です。こんなことが正しいわけがありません！

幸い飼い主さんはそのスクールをやめてくれましたが、ノエルの甘噛みの芽は摘まれたどころか、飼い主さんの手からタラタラ血が流れるほど本気で噛みつくようになってしまったのです。

おそらくスクールでは、体罰を与えて噛みつきをやめさせようとしたのでしょう。しかし、ノエルの魂は暴力に屈することはありませんでした。噛むのをなかなかやめない理由を、トレーナーは「自分のしていることが間違っている」とはこれっぽっちも思わず、挙げ句の果てに「この犬は脳に異常があるかもしれない」と、投薬をすすめたそうです。さすがに飼い主さんも、これは何かおかしいと思い、インターネットで私を見つけてくれました。これが運命の出会いになったのです。

繰り返しますが、子犬は「遊ぼう！」といったのです。しかしその子は、暴力を受けて危うく命を落としそうになりました。どうして人間は、犬という動物によりそい、正しい会話ができなくなってしまったのでしょう？ 人間と犬は、もっともっと仲良くなれるはず。そう実感させられた私は、残りの人生をかけて、その間違いを正していきたいと思うようになりました。その使命を与えてくれたのが、この小さなトイ・プードル、ノエルです。

前のスクールをやめてもらってから、当時、私がクラスを担当していた銀座のスクールに通ってもらうことになりました。ノエルがスクールに来ても、私はとくに何もしませんでした。とにかく、ここでは誰もノエルが嫌がることはしない、怖いことは起きない、と学習し直してもらうためです。とはいえ最初はこちらも慣れないので、一度噛まれてしまったことがありました。

ソファに座って資料を読んでいる私の横で、私の太ももに体をぴったりつけるようにして、ノエルは寝ていました。思ったより穏やかだし、仲良くできそうじゃない、と思っていたのですが、立ち上がろうとしてノエルのほうへ手を動かした瞬間、ものすごい勢いで噛みつかれてしまいました。

自分が何をしてしまったのかわからなかったのですが、努めて冷静に、ノエルの様子をうかがいました。ソファの端に逃げて、私に背中を向けて、口をパクパクさせ、明らかにパニックに陥った状態でした。ぶるぶると震えて、目の奥は真っ赤に染まっています。あまりにかわいそうな姿に私もショックを受け、「ノエル、痛いよ」と、できるだけやさしい声でいいました。

おそらく前のスクールでは、噛んだ後さらにひどい罰を受けていたのでしょう。それは、ノエルの様子でよくわかりました。次にされることを予測し、怖くて震えていたと思われます。


「痛いから、絆創膏を貼るよ〜」

私は、何とか自分とこの場面の緊張を解き、できるだけ穏やかな雰囲気にしようと、やさしくノエルに話しかけました。大丈夫、何もしないよ、きみは悪くない。怖いことは誰もしないよ。それを伝えたい気持ちでいっぱいでしたが、ノエルは私の予想をはるかに超えて、かなり長い時間ぶるぶると震えていました。

お迎えに来た飼い主さんに、噛まれたことを話しました。飼い主さんは「ごめんなさい」と言ってくださいましたが、謝るべきはノエルに、です。人間が、あまりにもひどいことをノエルにしてきたようです。そんな権利がどこにあったのでしょう。ノエルの心が休まるときはあるのだろうかと考えると、悲しすぎます。

ノエルが受けたダメージの深さを実感できた私は、飼い主さんに、改善には少々時間がかかることをお伝えしました。そして、噛みつきを改善するためにお願いしたことは、とにかく何もしないこと。これが飼い主さんにはなかなか難しいようで、最初は習慣でつい手を出してしまって噛まれたりしていましたが、お迎えで会うたびにお話をさせていただき、とにかく何もしないこと、できるだけ噛まれないようにしていただくことをお願いし続けました。その後、ご夫婦で※セミナーにも参加されて、「何もしない仲直り」がどういう意味を持っているのか、だんだんわかってくれるようになりました。

とにかく何もしない＝誰もノエルが嫌なことはしない、とノエルにわかってもらうこと、それがノエルによりそい、仲直りするための作戦でした。自分の犬がさわれないことは、飼い主さんにはとても悲しく、ストレスだったと思います。しかし、がんばってくださいました。

「ノエルは家族ですから、どんなことがあっても一生付き合う覚悟です」

そういってくださったときは、本当にうれしかったです。噛みつくから、といって愛犬を平気で捨てる飼い主を目の当たりにしたことがあったので、当たり前かもしれませんがうれしかったのです。

それから2年の月日が流れ、飼い主さんのがんばりがよく伝わってくるうれしいメールが届きましたので、一部引用させていただきます。

今日はフィラリアの薬のせいか、もともと体調が悪かったのか、いつもと違う様子でした。立ったままでしっぽを内向きにしたまま動かない、トイレの中でオスワリしたまま、ゆっくりゆっくり歩き警戒している様子。「何か変」という状態でした。

昼休みに顔を見に戻ると、いつもなら「おやつちょうだい！」と飛んでくるのに、元気がありません。お菓子もキャベツも食べません。近くに行ってみるとノエルから私の膝に乗ってきました。ちょっと震えているようです。（熱でもあるのかな？）と思いましたが、さわれません。下手に手は出さないと決めていますから。

すると、ノエルが「抱っこ」と手を出してきたのです。弱気になったノエルが心細そうに歩み

※セミナー……著者が開催している「犬によりそうスーパー飼い主塾」

寄って、抱っこを求めたのです。

しばらく抱っこしたまま「大丈夫、大丈夫」となでながら、ノエルは私を認めてくれていると確信しました。ノエルの体温が伝わってきます。何と幸せなことでしょう。

主人と先生のセミナーを受講した後、話しました。「ノエルは犬らしく生きているよね」と。ノエルがわが家に来てくれてそれなりに幸せで楽しかったのが一転し、困り果てていたときに先生と出会い、今日があります。

過去の嫌な経験が、私たちを本当の関係へと導いてくれたのです。後悔ばかりしていた私がこんなふうに思えるようになったのも、先生と出会えたおかげです。感謝いたします。

もう少し経ったら、ノエルを抱っこして先生をお迎えできるような気がしてきました。ノエルのトラウマを完全に取り去ることはできなくても、そういう思いをさせない関係を築いていく自信も少しできました。それは、ノエルの気持ちがわかるからです。

「何もしない仲直り」、あと少しです。

2年という月日は長いようですが、ノエルの人生にしてみれば、まだまだこれから10年近くあるのです。そして私は、ノエルとの出会いによって天から使命を授かりました。

その使命とは、「遊ぼう!」と誘っている犬を気絶させるほど罰する、というまったく間違った「バカバカしい犬のしつけ」の犠牲になる犬をなくすこと。犬という動物によりそって、「おかしな犬のしつけ」をぶっ壊すこと!です。

犬からのメッセージを正しく受け取れなかった愚かな人間によって、「噛んで自分を守ること」を覚えたノエル。本当はこんなに愛らしい子なのです。

ナカニシ、訓練士になる!?

1997年に初めて自分で飼った犬、それがミニチュア・シュナウザーのロックでした。そこから犬のしつけの奥深さにハマったのが、私がこの仕事にかかわるようになったきっかけです。ロックは、「シュナが好きで好きでたまらない！」というブリーダーさんから譲ってもらいました。私は、そのブリーダーのおじさんが語る犬の話がとても好きでした。おじさんはトリマーでもあるので、毎月1回、トリミングをしてもらうためにロックを連れて行くのですが、犬の様子を見るだけで「最近、忙しいのか？」などと、こちらの事情をお見通し。今なら何となく納得できますが、当時はなぜそんなことがわかるのか、不思議で仕方ありませんでした。

ロックと暮らし始めて、私はどんどんシュナの魅力の虜(とりこ)になっていきました。そんなときに、ニューヨークでセラピー犬として活躍するヘンリーを描いた本に出会ったのです。それを読んで、私は「ロックをセラピー犬にしたい！」という夢

自分ひとりで責任を持って飼った初めての犬は、シュナウザーのロック（♂）。私に人生に大きな影響を与えた犬です。

を抱きました。今考えたら、それは大きな間違いだったのですが……。そもそもロックは、知らない人といてハッピーになる犬ではありませんでしたし、愛想を振りまいて人を癒やすタイプでもありませんでした。あのとき無理にセラピー犬にしていたら、アンハッピーな犬生を送ることになっていたでしょう。

そうとは気づかない当時の私は、セラピー犬にするためにロックを訓練しようと決心します。ある日たまたま、できたばかりの訓練所の前を通りかかってパンフレットを手にしてみると、ロックを預けて訓練してもらうには、何と月に何十万円もかかるとのこと！　仕方なくパンフレットを元の位置に戻すと、隣に別のパンフレットがありました。それは訓練士養成学校の案内、つまり私自身が訓練士になるためのものでした。興味を引かれた私は、そこに通うことにしました。

よく考えればこれもおかしなことで、そもそもセラピー犬にするために家庭犬訓練所に入れる必要はありません。セラピー犬にしたいなら、まず犬の資質的に「向いているかどうか」が大切であって、それからお互いがハッピーに仕事ができるようトレーニングすることが必要でしょう。それは訓練所のように体罰を使って、ぴったり横について一緒に歩くことを教える脚側（きゃくそく）歩行やハードルを跳ばせたりする障害飛越などではありません。

幸い、ロックをセラピー犬にすることはあきらめたのですが、自分自身はしばらく訓練所で学び続けました。当時は体罰が正しいと思い込み、所長や先輩に指導されるがまま、体罰によって犬たちを訓練しました。今となっては激しく後悔するばかりです。許されることではありませんが、少しでも犬たちが犬らしく暮らせないようなおかしな訓練やトレーニング、しつけと呼ばれるルールを変えることで懺悔したい気持ちです。

私の訓練士としてのこんな生活は、ある先輩のひと言によって終わることになったのです。「犬が嫌いな人が、よい訓練士になれる」と。私は耳を疑いました。そして、そう言い切った先輩のあまりに醜い顔つきを見た途端、私は「ここにいてはいけない」という声が聞こえた気がして、次の日に訓練所をやめました。急にやめてしまったので、その後どうしようという計画はありませんでしたが、インターネットでいろいろ調べていたら、オーストラリアのシドニーでドッグトレーニングの研修ができるというシステムを見つけました。

シドニーで開かれたペットのイベントに、ドッグテックが出店したときのもの。ホストファミリーのミン・リーやジョンの家族と一緒に。

ジョン・リチャードソン（中央）らスタッフに毎日同行し、100件以上のクライアントさん宅にお邪魔しました。

少しは英語がわかることもあり、私は即メールで申し込みました。返信には、「ドッグトレーナーとしてのあなたのスキルは尊重しますが、どうかすべて忘れて、真っ白な気持ちで取り組む覚悟で来てください」と書いてありました。これはおもしろいことになった! そんなワクワクした気持ちで、シドニーへ渡りました。

シドニーでは、「ドッグテックインターナショナル」という会社が開いていたドッグトレーニングアカデミーに入りました。スタッフのミン・リーのお宅が私のホームステイ先で、年齢は彼らより私が少し上でした。

研修は、スタッフについて行ってただひたすらレッスンを聞く、というものでした。後半になるとハンドリングもさせてもらいましたが、録音はしてはいけないというルールだったので、必死で聞いて必死でメモを取っていました。渡豪してすぐに同行したミン・リーの英語は聞きやすかったのですが、数日後、いよいよ創始者のジョン・リチャードソンの同行をすることになったとき、あまりのオージーなまりの英語に、ショックで落ち込みました。ほとんど聞き取れないのです! ジョンはとてもやさしくゆっくり話してくれたのですが、そもそも発音が聞き慣れていないので、最初は大変でした。

研修はなかなかハードで、1日3~5件のレッスンに同行しました。家からミン・リーが運転する車で直接客先へ出かけたり、電車に乗って最寄りの駅でジョン・ヴェラという兄貴のようなマルタ島出身のスタッフにピックアップしてもらったことも多々ありました。電車はほとんど時間通りに来ず(笑)、ジョンも遅れる私を気長に待ってくれました。これが〝オージータイム〟かと思いましたが、不思議と心は穏やかでした。ジョン・ヴェラと初めて会ったとき、彼は自己紹介でこういいました。「初めまして、ノリコ! 僕はジョン・ヴェラ、マルチーズだよ(笑)」。マルタ島の原産犬種といえば、何といってもマルチーズですから！

陽気なおばさんが営むグルーミングサロンや、イケメンのショーハンドラー・ディーンが店長を務め、ジョン・リチャードソンが経営する「ダンディドッグ」というサロンでの研修もありました。私はトリミングはできないので、犬を洗ったり、掃除をしたりのお手伝いです。強く印象に残っているのは、シャー・ペイをシャンプーしたことです。しわのあいだを洗うのが大変でしたが、とてもおとなしくて、我慢してくれていました。

レッスンでは大型犬に出会うことが多く、小型犬で覚えているのはジャック・ラッセル・テリアです。ジャック・ラッセル・テリアは飼い主に捨てられて保護された犬がいるシェルター施設（ポンド）にも、残念ながら見られました。

多かったのは、「スタッフィー」と呼ばれるスタッフォードシャー・ブルテリア、「ブルーヒーラー」というニックネームを持ち、オーストラリアを代表する犬種でもあるオーストラリアン・キャトル・ドッグ。ほかにはオーストラリアン・ケルピー、ロットワイラーなどでした。さらにはアイリッシュ・ウルフハウンド、ローデシアン・リッジバック、ソフトコーテッド・ウィートン・テリア、ブル・テリア、マレンマ・シープドッグ、アラスカン・マラミュート、ジャーマン・ショートヘアード・ポインター、ダルメシアン、ラフ・コリー、グレート・ピレニーズ、グレート・デーンなど、日本の街中ではあまり見かけないようなたくさんの大型犬に接することができました。

日本のパピーパーティーは、チワワ、ミニチュア・ダックスフンド、トイ・プードルばかりということも少なくないですが、シドニーではそうしたことはあまりなく、毎回バラエティに富んだ犬種たちに囲まれてとても楽しいレッスンでした。

一回だけマンションでの出張レッスンがありましたが、あとはほとんどが一軒家で、しかもフロントヤードと呼ばれる前庭、バックヤードと呼ばれる後庭がありました。日本では考えられないような豪邸にもお邪魔しました。いちばん大きかったお宅では、門から玄関まで車で移動！　庭もとにかく広くて、愛犬だという小さなジャック・ラッセル・テリアを見つけるのにひと苦労でした。

ドッグテックには、「2週間散歩をしない」というプログラムがありましたが、それはバックヤードに出して走らせてやれば大丈夫という条件だからであって、これをそのまま東京でのレッスンに適用するのは難しいことでした。お散歩後に犬の足をふくという習慣もなかったので、2002年に帰国して「Doggy Labo」を立ち上げたときは、それなりにマニュアルをアレンジせざるを得ませんでした。今ではそのマニュアルも、大幅に変わっています。

シドニー郊外の街は、数ブロック行くとラグビーコートやクリケットコートがいくつも取れる大きな広場があり、散歩の途中で飼い主さんが犬を遊ばせている光景をよく見ました。日本の公園のようにたくさん集まっているのではなく、おそらく顔見知りなのでしょう、2〜3頭で走り回っていることが多かったです。

あるジャック・ラッセル・テリアのお散歩レッスンで、山道を上がるように歩いていたら、前から人を乗せた馬が来て、では左に曲がりましょう、ということで回避したことがありました。庭が何※エーカーもあるのに脱走しようとする犬がいることや、塀の下を掘って逃げ出した犬の話など、スケールの大きな経験をしてきました。

シドニーで大きな家、広い庭、大きな公園をたくさん見てきて、「東京の犬たちは幸せだろうか」と考えてしまいました。こういうスケールの違いは、やはり犬たちのストレスに大きく影響しているのではないでしょうか。そうしたストレスをできるだけ軽減するための付き合い方を考えてやらなければならないと、改めて実感しました。

※1エーカー……およそ4047㎡（1辺の長さが63mの正方形の広さ）。

「Accept」との出会い

２００２年に立ち上げた「Ｄｏｇｇｙ Ｌａｂｏ」ですが、15年かけていろいろな面でだいぶ進化してきました。小さな進化はたくさんありましたが、大きく進化したのが２００９年に「Accept」という言葉に出会ったときです。この年から「Ｄｏｇｇｙ Ｌａｂｏ」は、アメリカンインディアンの教えの影響を大きく受けることとなりました。

その出会いについてちょっとお伝えしておきたいと思います。２００９年、まりもちゃんというトイ・プードルの女の子のレッスンがご縁で、私は生まれて初めて、自分の前世を見てもらうことになりました。あまりそういったことを信じるほうではなかったのですが、ちょっとおもしろそうだし、一度くらい見てもらってみてもいいかな、という気持ちからでした。

いろいろな前世があったのですが、メモを取らなかったので、何をいわれたのかあまり覚えていない部分もあります。そんななか、ひとつだけ非

力）を借りて病を治療したりする。人の祈りを自然界に宿るスピリットに伝えることができ、スピリットの言葉を人にまた返すことができる通訳者という意味の「イエスカ」とも呼ばれる。

常にクリアに覚えていることがあります。それは、「黄金に輝く草原に、アメリカンインディアンが立っています。肩にはイーグルがとまっていて、あなたに何かを伝えたがっています」というものでした。

いわゆる前世ではないらしいのですが、「気になったら調べては?」とのことでした。「あなたに何かを伝えたがっている」といわれたら、気にならないわけがありません! さっそくインターネットでいろいろと調べていたら、『自分を信じて生きる―インディアンの方法』(松木正著/小学館)という本を見つけて、非常に惹かれるものを感じました。

著者の松木さんは、キャンプカウンセラーで、YMCAの職員などを経て渡米。アメリカンインディアンの部族・ラコタ族の居留区で自然観、生き方、伝統儀式などを学んできた方で、帰国後に彼らの儀式を取り入れた環境教育を開始します。神戸で「マザーアースエデュケーション」を主宰していて、私は2013年に松木さんのサウスダコタ(アメリカ)でのワークショップに参加。彼の"ブラザー"ベン・エルク・イーグルさんのお宅にも滞在し、いろいろなことを学ばせてもらいました。

松木さんの本はとても読みやすく、どんどん引き込まれて、あっという間に読み終えてしまいました。そしてそのなかにあったひとつの単語が光って見えたのです。

「Accept(受け入れる)」

それは著者の松木さんが、ラコタ族の※メディスンマンである、ロイ・サークルベア(通称アンクル・ロイ)に言われた言葉でした。アンクル・ロイの言葉を引用しながら、書かれていたことをご紹介いたします。

「タダシ、この大地に生きるものにとって、最も大事なものが何だかわかるか?」

※メディスンマン……部族の伝統儀式をつかさどる人。スピリットの力を借りて、心の奥深くにある何かを癒やすカウンセラー的な役割をしたり、薬草の知識に長けていて、植物のメディスン(不思議な

あまりにもテーマが大きすぎ、松木さんがなかなか答えられないでいると、アンクル・ロイは、しばらくしてこういいます。

「Faith（信頼）だ！」

質問は続きます。

「タダシ、Faithに最も近いものが何だかわかるか？」

松木さんが質問の真意がよく飲み込めずにいると、アンクル・ロイは、「Accpt（受け入れる）だ」と答えます。

「Faith（信頼）はすべて、Accept（受け入れる）から始まるのだ」

この部分を読んだとき、何かが私の体を突き抜けました。

多くの飼い主さんたちは、愛犬から信頼を得たいと思っています。そのためにはどうしたらいいのか。Faith（信頼）はすべて、Accept（受け入れる）から始まる。つまり愛犬を、犬という種によりそい受け入れることこそ、信頼を得るために必要なことなのだ。アンクル・ロイが、そう教えてくれた気がしました。

そしてそのアドバイスこそ、私たちドッグトレーナーがすべきこと。いや、もはや「ドッグ」を「トレーニング」するという話ではありません。私がやりたいと思っているのは、「ドッグトレーニング」ではなさそうです。ならば新しいネーミングが必要ですが、それについてはP－3－で詳しくお話しいたします。

飼い主さんが犬という種によりそい、受け入れることができたら、そこには信頼が生まれます。それをアドバイスする仕事がしたいという思いが強くなり、私は「Ｄｏｇｇｙ Ｌａｂｏ」のウェブサイトのいちばん上に、「Accept」の文字を掲げました。

先ほどの松木さんの話ですが、さらに続きがすばらしいので少し引用させていただきます。

サウスダコダでセージを摘む私の手伝い（？）をしてくれたジャーマン・シェパード・ドッグのコダ。私の顔をなめています（笑）。

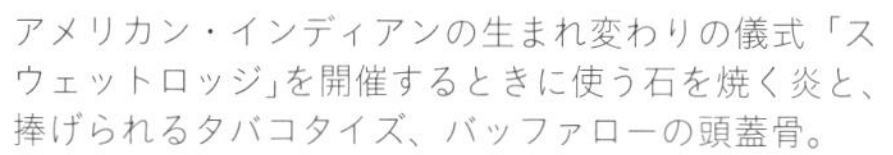

アメリカン・インディアンの生まれ変わりの儀式「スウェットロッジ」を開催するときに使う石を焼く炎と、捧げられるタバコタイズ、バッファローの頭蓋骨。

その話を聞いてぼくが腑に落ちたのは、「信頼」というのは「あなたを信じる」のように、人と自分を一体化してしまうイメージではない、ということだ。

ロイの語った「信頼」のイメージは、互いの存在を認め合い、ある程度の長さを持った糸でつながるということではないだろうか。ピンと張りつめた糸ではなく、多少のたわみを持ったゆるい糸だ。

それは「絆」を結ぶことだと言っていいだろう。しかし、その「絆」も、人と人とが互いに受け入れる「Accept」することなしに、結ぶことはできない。だからロイは、「Faith」に最も近い言葉は「Accept」だと言ったのだ。

すべては、この信頼の糸で結ばれた網の中で起きる。

「Faith のあるところには、何かが起きる……」

ぼくはそのとき、そう理解した。

「信頼する」とは、人と自分を一体化するのではないというのです。それは「相手が自分を同じ気持ちであってほしい」という一体感とは違うのです。相手は相手、どう感じようと相手の意志で、自分は自分、その影響を受ける必要もありません。

そうやって分けて考えられる姿勢を「離別感」といいます。相手を受け入れるには、この離別感が必要なのです。相手と自分は違う、違って当然。違いを承知した上で受け入れることなしには、信頼は生まれず、絆は結べない、ということです。Faith（信頼）がある関係こそ、よりそってAccept（受け入れる）できる関係こそが、飼い主さんと愛犬の理想の関係ではないかと、私は思います。そしてそれは、無条件の愛につながります。

I love you, because you are you.

—あなたがあなただから、

私はあなたを愛しています。

そういう愛し方はじつはとても難しいものですが、あなたの相棒である犬たちは、それを難なくやってのけるのです。犬たちからの愛は無条件なのです。

では具体的に、「Accept」するとは、どういうことでしょうか？ それは難しいことではありません。「犬という種が持つ生来的な行動を理解して、できるだけその行動をさせてやる」、それでよいのではないでしょうか。そうすることで彼らからの信頼が得られる、それがアメリカンインディアンの教えです。

そしてそれは、1965年に畜産動物の福祉原則として提唱された「Five Freedoms（5つの自由）」（P42〜参照）のうちの「Freedom from Express Normal Behavior（正常な行動を示す自由＝その動物種が持つ生来的行動をとることの保障）」そのものであると思いました。

私は、力によって支配し、服従させて得る信頼ではなく、彼ら（犬たち）の行動を受け入れることで得られる信頼がほしい、そう思います。こちらが指示をしなくてもしてほしい行動がわかる、そしてそれをしてくれる、そんな関係を作ることは可能だと信じています。そうした関係を作るための術を、アメリカンインディアンの教えのなかに見つけたのです。

甘噛みの真実

「うちの犬、甘噛みをするんです……」

そういう飼い主さんの表情は一様に暗く、明らかに困っている様子です。でも、これを正しく翻訳してみましょう。

「うちの犬、『遊ぼう』っていうんです……」

と、こうなります。もしそれがわからなかったのなら、困っているのはあなたではなく、あなたの愛犬です！（笑）

そもそも、誰が「甘噛みはダメなことで、やめさせなければいけない」なんていい始めたのでしょうか？　かくいう私も、最初の犬・ロックを飼い始めた1997年には、甘噛みをしたら叱っていました。当時はインターネットで情報を探すなんてことはできず、当時犬を飼っていた先輩や本、雑誌からの情報で、「マズルをキャンと鳴くまでギュッとつかめ」とか「口の中に指を突っ込め」とか「あごの下を強くパンチしろ！」などというしつけ法を信じてやっていたのです。噛みつくようになってもおかしくないのに、そうならなかったのは、気質もちゃんと考えた繁殖をしている優良ブリーダーから譲ってもらった犬だったからでしょうか。

今思えば、ロックは「遊ぼうよ！」といってくれていたのに、それを罰していたなんて！　知らなかったとはいえ、まさに悲劇です！　しかしそれでも、彼らは私のことを受け入れて信頼して、そばにいてくれました。何て愚かなことをしてしまったのか、悔やんでも悔やみきれません。

今の仕事を立ち上げたばかりのころのこと。レッスンで、ポメラニアンとパピヨンのミックス犬姉妹2頭を飼っているお宅へ行ったことがありました。1頭はとても人なつこく、私に飛びついてくれました。すごくかわいらしくて、私はうれしくてなでなでして、喜んでその「ごあいさつ」を受けていたのですが、こういうとき飼い主さんは必ず犬を叱って、私に謝ります。愛犬がお客さんを歓迎しているのに、飼い主はその犬を叱って、お客さんに謝るのです。よく考えたら、おかしな話ですね。しつけに関する間違った情報が、この場面を正しく理解することを妨げているように感じました。

そうやって人なつこいごあいさつを受けるとき、甘噛みをしてくれる場合があります。犬が若ければ若いほどしてくれます。これは、友だちとして認められた証です！　〝犬バカ〟としてはとてもうれしいことなのに、飼い主さんはもっときつく犬を叱り、さらに私に謝ります。うれしそうな犬と喜んでいる客人を引き離そうとする人も少なくありません。私がそうしたあいさつを続けたい場合には、飼い主さんを阻止する必要があります。

「甘噛みしてくれたね～！　私を友達にしてくれるの？　ありがとう！」

そんなセリフをいってみると、ほとんどの飼い主さんは「？？？」となります。さらに「人なつこくていい子ですね」と付け加えると、飼い主さんはもうパニックです（笑）。「甘噛みをする犬はダメな犬、やめさせなければいけない」という説の信者さん、まだまだ結構いるんです。

さて、先ほどのレッスンの話に戻ります。そんな言葉をかけながら甘噛みを受けていると、少し後ろに下がったところでじっとこちらを見ているお姉ちゃん犬が目に入りました。まだまだトレーナーとして未熟だった私は、「姉妹なんだから平等にごあいさつをすべき」だと思い、こんにちは、と手を出したところで噛まれてしまいました。私はすぐに謝りました。

「ごめんね、怖かったね」

そうです。まったく知らない人間の手が自分に向かって伸びてくるのですから、怖くて当然です。彼女には悪いことをしました。さらに飼い主さんもショックを受けることになってしまい、私に平謝りするので、本当に申し訳ないことをしてしまったと思いました。この経験は、甘噛みしてくれた犬は噛むことはなく、甘噛みをしてくれなかった犬に手を出したら噛まれた、という記録になりました。

多くの飼い主さんが挙げる〝甘噛みをやめさせなければならない理由〟の代表的なものに、「甘噛みをやめさせないと本気噛みにつながる」という説があります。ここで、噛みつきをわかりやすく分類しておきたいと思います。私は、大きく分けると2種類の噛みつきがあると思います。

①「遊ぼう」というメッセージを持つ噛みつき
⬇「甘噛み」と呼ばれることが多い
②「やめて！」というメッセージを持つ噛みつき
⬇「本気噛み」と呼ばれることが多い

この2つを、痛さで分類するのは間違っています。分類の基準は、痛みの強さではなく「メッセージ」だと私は考えています。つまりどんなに痛くても、メッセージが「遊ぼう！」ということなら甘噛みです。たとえば牙が当たっただけの当て噛みでも、メッセージが「やめて！」ということでしたら、本気噛み（「やめて噛み」といったほうがわかりやすいかもしれませんね）というふうに分類すべきでしょう。

そして、この2つはつながっていません。つながっていないとずっと感じてはいましたが、裏づけてくれる情報がなかなかありませんでした。しかしあるとき、それを裏づけてくれるものに巡り会いました。自閉症の動物行動学者でコロラド州立大学准教授（当時）のテンプル・グランディンと、脳と神経精神病学を専門とするジャーナリスト、キャサリン・ジョンソンの共著『動物感覚』（NHK出版）に、こう書いてあったのです。

もうひとつ、おもしろい事実がある。けんかごっこはほんもののけんかとはまったくちがう。ほんもののけんかで見られるたくさんの動作は、けんかごっこではまったく見られず、べつの場面で見られる。

攻撃をつかさどる脳の回路が、遊びをつかさどる脳の回路とはべつにあることもわかっている。攻撃性を増加させるテストステロンも、けんかごっこには影響をおよぼさないか、あるいはけんかごっこを減らすこともある。ときには、犬ははしゃぎがほんもののけんかになることがあるが、脳のなかでは、荒っぽいあそびとほんものの攻撃はまったくべつのものだ。

思わず「キター！」と思いました。感覚的に感じていたことに、裏づけを見つけたのです。遊ぼうといったら、気絶されられてしまったノエル（P12～参照）のことを思い出してみてください。愚かな人間は、いつからこれほど動物の声を聞けなくなってしまったのでしょうか。

猫と犬、こんなにも違いすぎる！

仕事の関係もあって、犬を飼っている人たちとのお付き合いはかなり多いほうだと思います。一方、犬の仕事に就く前からのプライベートの友人たちには、猫を飼っている人が多く、しかもみんな多頭飼いです。そして最近「猫飼い」と「犬飼い」の違いに、改めて驚かされる経験をしました。

猫を飼っている友人宅でパーティーがあるので、準備を手伝っているときのこと。結構な高さがあるカウンターテーブルに、生ハムやチーズなどの食材を並べていたら、猫がひらりと飛び乗りました。犬はそういう垂直方向への動きをしないので、見慣れていない私はとても驚いたのですが、何せテーブルにはお料理があります。食べられては大変！と思い、猫を降ろそうと思って抱き上げたのですが、ふと目が合った瞬間、左右の頬に連続の猫パンチを食らってしまいました。どうしたらいいのかとっさに判断できず、猫を抱いたままパンチを受けていたのですが、しばらくするとや

めてくれたので床に降ろしてやりました。私の両頬には、赤いボールペンで書いたような細い引っかき傷がたくさんできていました。その顔を見て友人は、ゲラゲラ笑い出しました。

「あはは〜！ 大丈夫？ 気をつけてね！ 猫は引っかくから」

まさに衝撃でした。悪いのは猫ではなく私、だったのです。でも、もし、これが犬だったら？ 悪いのは犬ということになり、犬が叱られます。ひどく噛みついたなら、しつけのスクールに入れられてしまうか、自宅にドッグトレーナーが呼ばれ、厳しくしつけし直しされることになることでしょう。噛みつきの度合いによっては、最悪の場合安楽死さえあり得ないことではないので、まさに命がけ！ということになります。でもそれは、あまりにも理不尽ではないでしょうか。なぜ、犬と猫で扱いがこんなにも違うのでしょう。

そんなことがあってから、「犬飼いと猫飼いの違い」というテーマは私のなかでどんどん育っていきました。そしてついに先日、猫を飼っている友人のFacebookで、信じられないような投稿を見つけてしまったのです！

アップされていたのは、猫が書類のファイルを枕にして寝ている画像。「このファイルは、しばらく開けない……」とコメントがありました。「え?」と思った私は、なぜ開けないのかすぐに理解できません。猫飼いさんたちからと思われるコメントを見てみると、

Aさん「しかたにゃい！」
Bさん「しかたにゃい！」
Cさん「うんうん、猫飼いには当然の選択ですね」

と続きます！ それに対する友人の返事は、「ファイルを取るか、りんた（猫の名前）のお昼寝を取るか！ そりゃあ、りんたでしょ〜♡」というもの。つまり、「猫がファイルを枕にして寝ているので、（起こさないために）ファイルは動かせない」ということなのです。何なんでしょう、この犬と猫の違いは⁉ 犬だったら気軽にどかされているはずです。ということで、〝よりそい感〟たっぷりな投稿に刺激を受けて、ぜひ話を聞かせてほしくなりました。

友人は自分で会社を経営していて、オフィスには猫が5匹います。ドアホンを鳴らして中へ入ると、猫たちは興味なさそうにしーんとしています。まずこの時点で犬飼いとしては違和感を覚えます。誰も反応してくれないなんて……。

入室したとたんに犬たちに何らかの〝洗礼〟を受けることに慣れきっていた私。歓迎だろうが威嚇だろうが、この際何でもいい、せめて反応してくれ！と思ってしまいました。すると一瞬、近くの椅子の上で寝ていた猫が反応したので期待したのですが、少しだけ顔を上げてこちらを見て、またすぐに寝てしまいました。何というさびしさでしょう！（泣）

「こちらへどうぞ」と案内されたテーブルの椅

子には別の猫が寝ていました。犬だったらすぐにどかされるか、「降りなさい」といわれますよね。ところが何と！ その猫はそのままに、別の椅子が運ばれてきたのです。ショックと驚きを隠せない私に、「あまりにも気持ちよさそうに寝ているから、起こしちゃかわいそうでしょ？」と友人。

これが犬だったら、どんなに気持ちよさそうに寝ていても、どかされてしまいます。しかも、こういう場面で犬をどかさないと、「犬は飼い主より自分が上だと思うようになる」なんてバカげたことをいわれるようになるんだと伝えると、友人に「だって猫だもん、猫ってこんなもんよ〜！」と大笑いされました。犬たちは、「だって犬だもん、犬ってこんなもんよ〜！」とはなかなかいってもらえません。ソファの上は犬だって気持ちいいはずなのに、乗せてもらえない。飼い主のことが大好きで、くっついて一緒に寝たいのに、させてもらえない。乗っても叱られて降ろされる。なんという理不尽！

そんな話をすると友人は、「犬の飼い主って、何で犬にそんなに冷たいの？」と逆に不思議がりました。確かに犬の飼い主たちは、犬たちにとても厳しくて不親切、と見えないこともない。もっと犬によりそったほうがよいのでは？と気づかされることになりました。

そのオフィスにはキャットタワーがあるのですが、いちばん下の段の、ふわふわした素材の部分に、それを覆うようにビニール製のランチョンマットが敷いてありました。気になって聞いてみると、トイレで排泄しようとするといじめられてしまう猫がいるそうで、トイレでできずにそこでするようになったとのこと。そのままだとふわふわ部分に染み込んでしまうので、ふけばすぐきれいになるようにランチョンマットを敷いているそう。これが犬だったら、と比較せざるを得ない心境でいると、オフィスに置いてあるたくさんの器に気づきました。トイレも何か所もあります。

できるだけ猫たちにストレスがかからないよう

に、人間側でできる工夫はすべてする、というのが友人が心がけていることなのだそう。犬たちはどうだろう？　飼い主は、犬たちにストレスにならないように、人間側でできる工夫をしているだろうか。それとも、人間側の都合で犬たちに我慢を強いることばかりしていないだろうか。そんなことを考えていると、友人が私にいいました。

「犬を飼ってる人ってさあ、遊びに来た人に何でオスワリとかお手とかさせたがるの？」

これもまた衝撃でした。犬の飼い主は、指示に従って芸をする犬をかわいいと思って見ているので、誰でもきっとそうだろうと思い込みますが、猫飼いさんたちは、別にそんなことには興味ない。もちろんなかには喜んでくれる人もいるかと思いますが、少なくとも私の友人は違いました。

「『おりこうな犬だね』ってほめられたいのかな。飼い主さんが」

鋭いご指摘、ごもっともです！

では猫飼いさんはどうなのかと尋ねると、もしお客さんが猫が好きで接触したいというなら、猫も楽しめることをしてもらうそうです。たとえば、好きなオモチャを持たせて遊んでもらうとか。それなら、猫も楽しいし、お客さんも楽しい。そして飼い主は、猫が楽しんでいる姿を見て、自分も楽しい。幸せそうな姿を見て、自分も幸せを感じるのだけれど、犬の飼い主はそうじゃないのかと聞かれ、すぐに返事ができませんでした。犬の飼い主だってそう思っているはず。なのに、やっていることがチグハグになってしまっているような気がしたからです。

猫たちにいうことを聞いてもらいたいかと聞いてみると、「別にいいんじゃない、いうこと聞かなくても。だってかわいいんだから、それで十分！」ときっぱり。

猫の飼い主の、おそるべき〝よりそい感〟！　そういえる犬飼いのお友達、周りにどのくらいいるでしょうか？

どかぬなら
どくまで待つわ
猫だもの

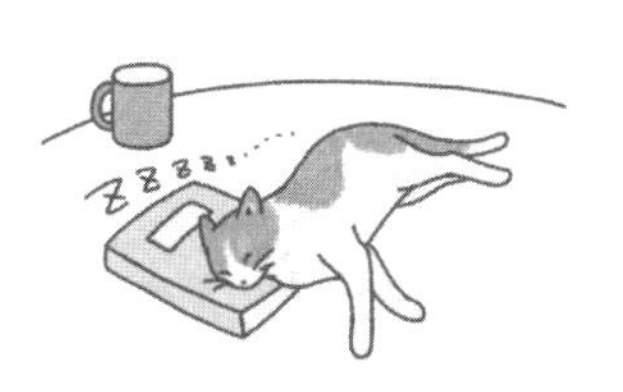

どかぬなら
どかせてみせよう
犬だから

よりそイズム®の原点は

　私は「Ｄｏｇｇｙ Ｌａｂｏ」を立ち上げてから、犬に関する本をかなり読んできました。しかしある日、恩師から「動物園の本も読んでみなさい」と言われてさっそく読んでみたところ、衝撃的なことが書いてあったのです。おそらく、かなり前から聞いていたか、読んだこともあったかもしれません。最近になってやっと、私がそこに書いてあることの意味がわかるようになったようです。
　それは上野動物園の前園長、中川志郎氏の著書『中川志郎の子育て論』（エイデル研究所）でした。一部引用させていただきます。

　動物園で五代、十代飼ったからといって、本質は変わらない。その習性を発揮できるようなシチュエイションを与えてやらないと当然フラストレイションが起きます。昔はそれを、あの動物はこういう癖があるとか、悪癖ですね、物を噛む、鉄棒に噛みつく、何でも引っ掻く、やたら吠えるなど悪い癖があると、動物にそのまま責任をおっ

かぶせていました。（中略）
それで、動物園で動物を飼う場合に一番重要なことは、動物が野生でやっていた習慣行動が小規模ながら繰り返しできるということが一番だと、今はなっています。

こうした取り組みは、１９６５年（ちなみに私の生まれた年です）にイギリスのブランベルレポートで、畜産動物の福祉原則として「Five Freedoms　５つの自由」が提唱され、世界獣医協会(World Veterinary Association)の基本方針に取り入れられて、動物園はそれに基づく改善努力をしてきたのです。

【５つの自由とは】

❶ **Freedom from Hunger and Thirsty**
飢えと渇きからの解放＝正しい食事管理と新鮮な水の保障

❷ **Freedom from discomfort**
不快からの解放＝清潔で心地良い住環境の保障

❸ **Freedom from Pain,Injury,and Disease**
痛み、ケガ、病気からの解放＝疾病予防、早期発見、治療の機会の保障

❹ **Freedom from Fear and Distress**
恐怖と絶望からの解放＝恐怖や精神的苦痛を与えられない保障

❺ **Freedom from Express Normal Behavior**
正常な行動を示す自由＝その動物種が持つ生来的行動を取ることの保障

これによって、たしかに動物園の動物は以前に比べてフラストレーションが減ったことと思います。60年近くも前から、そのような努力がされてきたのです。しかし、家で飼われている犬たちはどうでしょう。５つの自由は、保障されているでしょうか。

❶「飢えと渇きからの解放」

お腹を空かせていたら食べさせてあげてね、のどが乾いていたらお水を飲ませてあげてね、ということかと思います。これに関しては、よほどのことがない限り守られているのではないでしょうか。たまにネグレクト（飼っている犬に食事や水を十分に与えない）する人がいますが、多くの犬たちは、食事の世話はしてもらっているはずです。

それに対して、多くの人が犬や猫を迎えるペットショップに流通する犬猫を繁殖しているところは、（優良なブリーダーは別として）最低限の「飢え、渇き」すら保証していないケースがあります。繁殖場崩壊現場（資金がないため運営できなくなった繁殖場）では、糞尿にまみれた部屋で、餌をもらえずガリガリにやせた犬たちや、骨と皮のみになった遺体をいくつも見ました。餌を入れる容器も、何十頭もの犬に対して5〜6個しかありませんでしたし、水を入れた容器がケージの中に置いてある様子もありませんでした。餌は床にまいて与えられていたそうですが、床は糞尿にまみれていたのです。そこからペットショップに卸された子犬たちをお客さんが買うことになっている現状を、どのくらいの人が知っているのでしょう（もちろん、すべてのペットショップがそうした繁殖場から仕入れているわけではありません）。

❷「不快からの解放」

寒いときには暖かいところ、暑いときには涼しいところでいられるようにしてあげてね、居場所はつねにきれいにしてあげてね、ということかと思います。家の中で飼われている場合は、これは保障されているでしょう。しかし外で飼われている場合にはどうでしょう。日本には四季があります。寒い冬は、もともと寒い国の動物だったら外にいても大丈夫そうですが、寒さに弱い犬種もいます。最近の夏は、都会ではかなり暑くなる日があり、人間でも熱中症で亡くなる人がいるくらいですので注意しなければなりません。いずれにせよ、気温や環境に考慮して、快く過ごせるように管理してやる必要があります。

こちらに関しても、私が見た崩壊した繁殖場では保証されていませんでした。しかし、崩壊しないで運営を続けている多くの繁殖場では、餓えと渇き、糞尿まみれの不快な環境で犬猫たちがまだまだ飼育（と呼べる状態ではないと思いますが）され続けています。買う人がいなくならないと、こうした環境で繁殖される犬猫の数は減ることはないのです。

❸「痛み、ケガ、病気からの解放」

元気がなかったり、痛そうだったり、不快があるようだったら、病院に連れて行ったりケアをしてあげてね、ということかと思います。

今まで仕事で飼い主さんのお宅へ行ってお話を伺ったり、環境を見て来た経験から、具合が悪くなったら獣医さんに連れて行ってくれる人が多いので、それなりに保証されてきているかと思います。また、手作り食や質の高いドッグフード、サプリメント、おやつなどへの関心も高くなってきていて、健康管理においてはよい傾向かと思います。ただ自分の経験から、獣医さんだけに頼り切ってしまうのではなく、愛犬の病気に関して飼い主も勉強することが大切だと痛感しています。

崩壊ぎりぎりの繁殖場では、犬のケガや病気は放置され、死ぬのを待つことがほとんどのようです。足や尾、目、あごがない（子犬を産みすぎてカルシウム不足で骨が溶けてしまうそうです）という母犬も少なくなく、子宮さえ使えればひたすら子犬を産ませる、という繁殖場の現状があります。

❹「恐怖と絶望からの解放」

怖いことから守ってあげてね、我慢させすぎないでね、ということかと思いますが、残念ながら保障されていないケースも多いようです。月齢にもよりますが、怖がっているのに「慣れさせる」という目的で、必要以上に怖い思いをさせているとしか思えないトレーニングを見かけることもあります。とくに、ドッグランやドッグカフェに行くためのトレーニングは、その必要性をよく考えてやる必要があると感じます。

ドッグランは、ほかの犬と仲良くできるなら楽しく遊べる場所になりますが、社会化ができておらずほかの犬との接し方がわからない、慣れていない、ほかの犬が怖いという犬にとっては、苦痛を感じる場所以外の何物でもありません。実際に咬傷事故も起きていますし、ドッグラン内でほかの犬に追いかけ回されてトラウマになってしまった犬たちにも、レッスンで何頭が出会ってきました。

ドッグカフェも、果たして本当に快く過ごせている犬がどのくらいいるのか、正直疑問に感じています。自分の犬が快く過ごせているか、連れて行くことが飼い主のエゴになっていないか、もう一度見直してほしいと思う場面を多く見かけます。

子犬を迎えたときも、夜鳴きをさせないためにひとりぼっちでケージやクレートに入れて「鳴いたら無視」を徹底する、というのがハウストレーニングの常識となっていますが、これも疑問です。ペットショップのガラスケースにひとりで入れられていた犬たちはその環境に慣れてしまっていて、鳴かないことも多いようです。親きょうだいと引き離されたときからあきらめてしまっているのでしょう。

しかし優良ブリーダーから迎えた子犬は、もしかしたら前の日まで、親きょうだいとくっついて寝ていたかもしれません。それが急にひとりになって、リビングルームに置かれたケージに入れられ、家族は全員寝室に入ってしまったら、さびしいのは当たり前ですよね？　しばらくは人のそばにケージを置いて、子犬の安心感が満たされてから自立させていく、という方法も検討されてしかるべきではないでしょうか。

繁殖場のような劣悪な環境では、恐怖や絶望に対して犬たちは「あきらめてしまって」いると思います。こうした場所から保護された犬たちが、初めて地面を踏んで混乱している姿や、歓喜のあまりはしゃぐ姿などを、SNSの投稿で見かけます。保護された犬たちは、迎えてくれた新しい飼い主さんの愛情によってだんだん本来の姿を取り戻していきますが、絶望のまま亡くなる犬たちも少なくないはずです。

❺「正常な行動を示す自由」

その動物がやりたいことをやれるようにしてあげてね、ということかと思います。これに関しても、残念ながら現状はまったくその逆となってしまっているケースが少なくないのではないでしょうか。犬にとって、以下は正常な行動、生来的な行動であるはずです。

吠える、噛む、うなる、かじる、なめる
くわえて引っ張る、振り回す、食べる
うんち・おしっこをする、マーキングする
掘る、走る、追いかける

これらをする自由は、保障されているどころか、ほぼ問題行動として禁止されているのではないでしょうか。正常な行動をする犬を「ダメ犬」と呼んだり、その行動を強制的に変えることは、正しいことなのでしょうか？ そして、犬の正常な行動、やりたいはずの行動をしない犬を「おりこうな犬」と呼ぶのは、正しい犬との付き合いができているといえるのでしょうか？

動物園に関しては、とても興味深い話があります。ある少年が幼いころ、おばあさんに連れられお寺に行きます。お寺の住職が少年にこんな質問をします。

「地獄とは何だと思う?」

あまりにも衝撃的な質問に、少年が答えられないでいると、「それは、やりたいことができないことだ」と、住職が答えます。この少年はその後大人になってから、動物園の園長になります。それが、旭山動物園前園長の小菅正夫さんです。

北海道旭川市にある旭山動物園は、それぞれの動物が習性でする行動を、小規模ながらもできるように工夫がされた「行動展示」を行っていることで有名です。まさに正常な行動を示す自由、その動物種が持つ生来的行動をとる自由を含めた、5つの自由すべてが保障されるよう努力されているのです。しかし犬たちは……?


やりたいことができない、やりたくないことをやらされるとストレスがたまり、人間はうつ状態になります。それは、脳の仕組みでも説明できます。人の脳と犬の脳のつくりはほぼ同じです。ならば、人の脳に起きることは犬の脳にも起きると考えてよいのではないでしょうか。

ストレスが病気の原因になることは、多くの人がご存じでしょう。なぜストレスが病気の原因になるのかというと、それは本能脳(大脳辺縁系)で「やりたい」と思うことを、理性脳(大脳新皮質)が「してはならない」と抑圧し、その抑圧によって本能脳がストレスを受けると、体温調節や呼吸、血流、内臓、免疫システムなど自律神経系をコントロールして生命維持をしている脳幹が影響を受け、体のバランスが崩れて体に不具合が生じてしまうからです。


本能脳はとてもパワフルな脳で、やりたいことをやりたい、やれたら「快」を得ることができます。しかし理性脳は、世間体や義務などから、「〜べきである」と考える仕組みを作って本能脳を押さえつけます。すると本能脳は「快」を得ること

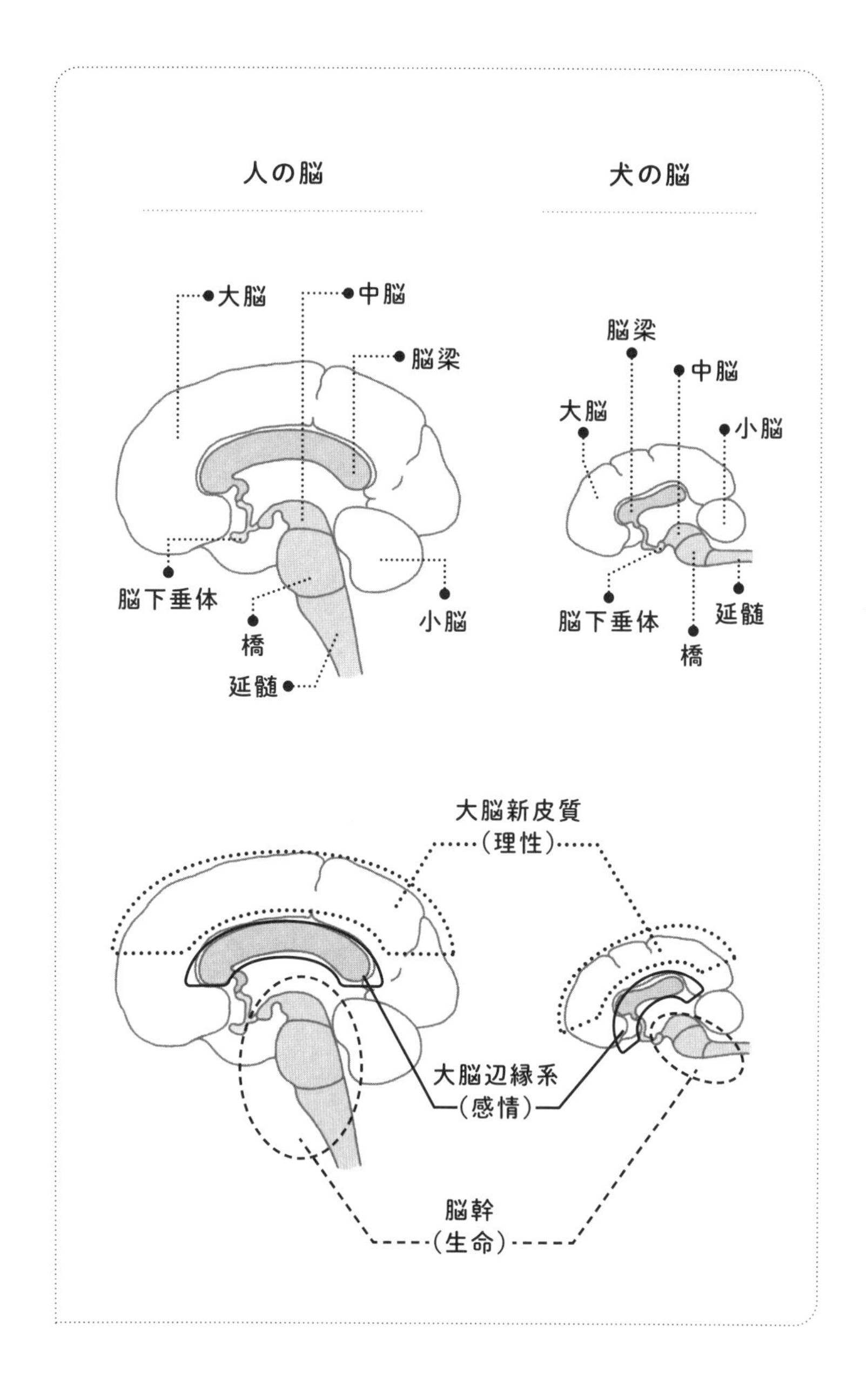
人の脳
犬の脳
大脳
中脳
脳梁
脳下垂体
橋
延髄
小脳
脳梁
中脳
大脳
小脳
脳下垂体
延髄
橋
大脳新皮質
(理性)
大脳辺縁系
(感情)
脳幹
(生命)

やりたいことができないと…

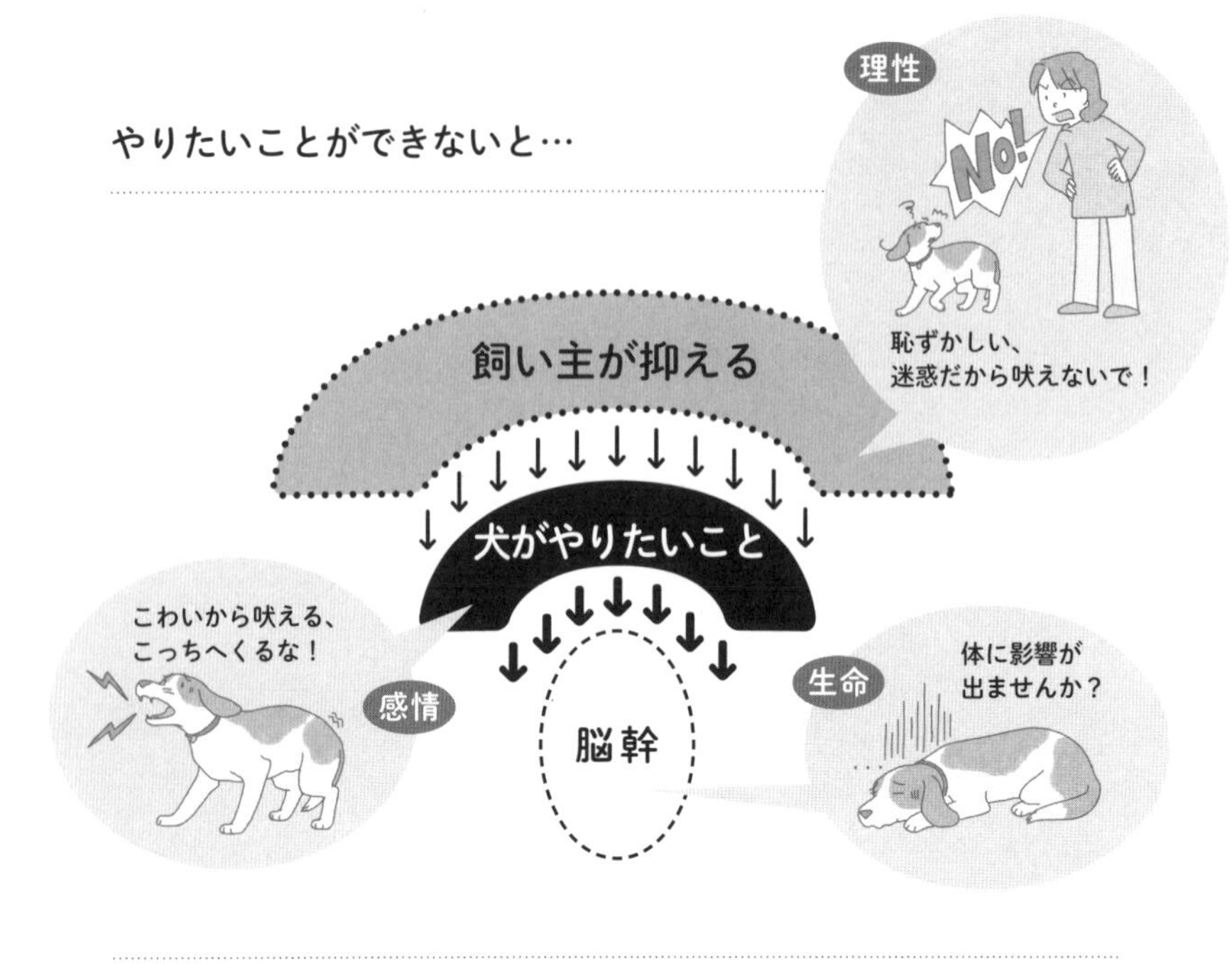

ができず、「不快」になります。不快が積み重なると本能脳にストレスがかかり、脳幹にダメージを与えます。それを防ぐには、適度に本能脳が「やりたい」という情動を発散させることが必要になるのです。

具体的にいうと、人間の場合働きすぎて心身が疲れたら、楽しめることをやるとよいでしょう。カラオケを歌ってすっきりしたり、スポーツで思いっきり汗を流す、などです。

では犬の場合はどうなるでしょう。本能脳でやりたいことは、吠える、噛む、うなる、かじる、なめる、くわえて引っ張る、振り回す、食べる、うんち・おしっこをする、マーキングする、掘る、走る、追いかけるといった行動かと思います。本能でやりたいのは、「カフェで食事をしている飼い主の足元で静かに伏せる」ことではないと思うのです。

犬の理性脳の働きは人に比べると鈍いので、「〜べきである」という考え方に基づいてそれを抑えることはしません。しかし、それを「飼い主」という「理性脳」が抑圧する、と私は考えました。この抑圧が過ぎると本能脳はダメージを受け、脳幹に影響が出ることもあるのではないでしょうか。

すべての飼い主さんが、愛犬の心身が健康であってほしい、少しでも長く生きてほしいと望んでいると思います。しかし、間違った「犬との付き合い方」の認識で、逆のことをしていないでしょうか。犬たちは、やりたいことができているでしょうか？ やりたくないことを、やらされていないでしょうか？

ただ、誤解していただきたくないのは、決して「犬たちのストレスを減らすために、犬たちがしたいことを何でもかんでもやらせてあげるべきだ！」と主張しているのではないということ。やりたいことをやらせてあげるには、飼い主さんの度量や環境、家族やご近所、社内の理解などが不可欠だからです。

そうしたなかで、「どこまで受け入れられるか」を判断するための基準を作りました。名づけて「よりそイズム」、この本のタイトルにもなっています。「よりそイズム」には、3つの原則があります。

①社会、他人に迷惑をかけない
②飼い主、本犬に危険が及ばない
③お互いハッピーなら、〝お願い〟しよう！

周りに迷惑をかけないで、危険ではないなら、できるだけありのままで生きられるようにしてやりたい。犬はお願いしたらやってくれる動物なので、人だけがハッピーになるのではなく、お互いハッピーになれるなら「〇〇してほしい」とお願いしよう。そんな意味が込められています。

「よりそイズム」を心に刻み、愛犬とさらに信頼し合えて絆を深められる関係づくりに、少しでもお役に立てたらうれしいです。

「受け取り方」で変わる！犬との関係性

飼い主さんに犬との付き合い方をアドバイスするには、飼い主さんの話をいかに上手に聞けるか、傾聴できるかが大切。そう思い、そのスキルをアップしたいということで、「Ｄｏｇｇｙ Ｌａｂｏ」を立ち上げるにあたって専門学校で心理学とカウンセリングの勉強を始めました。それから何校か通いながら学びを続け、２０１５年にアラン・コーエン公認ライフコーチに、２０１６年には日本メンタルヘルス協会の公認カウンセラーになりました。レッスンで飼い主さんのお話を聞くとき、その学びを愛犬との関係改善に生かしています。

日本メンタルヘルス協会での学びは、飼い主さんとの関係作りに役立つだけにとどまらず、人と犬との関係にも応用できることに気づきました。つまり「人と人との関係に大切なこと」は、「人と犬との関係においても大切なこと」だったのです。なかでも際立って応用できそうだと思ったのが、アルバート・エリスの論理療法（ＡＢＣ理論）でした。この理論を使って「問題行動は本当に問題なのか」を考えてみます。

論理療法では、思い込みではなく、事実に基づいて論理的な物事の見方をすることによって悩みを解決していきます。私たちは、ある出来事が起きると、それによって感情を抱きます（出来事↓感情）。

「雨が降ると嫌だ」という感情が湧く人がいたとします（雨↓嫌だ）。しかし、雨でうれしい！と思う人もいるのです。たとえば新しいレインブーツを買ったものの、ずっと晴れが続いていたらどうでしょう。そんなときに雨が降れば、「レインブーツが履ける！」と思ってうれしくなりますよね。雨の日はスーパーのポイントが5倍になることで喜ぶ人もいるでしょう。

私も実際、雨に感謝したことがあります。雨の日に偶然入った店で、とてもおいしそうなバナナチップスが売っていたのですが、相場より少々高めでした。でも、どうしても食べたい！という気持ちに負けて思い切って買うことにしたら、レジの人が「雨の日なので20％オフです」と笑顔でいうのです。思わずもうひと袋買いました（笑）。

あるいは、運動会の日に雨が降って中止になったとします。走るのが得意な人は、リレーで晴れ姿を披露することができずがっかりするかもしれません。しかし、運動が得意ではない人にとってはまさに恵みの雨。「やったあ！中止だ！」という喜びに包まれるかもしれません。つまり、「雨そのもの」には、良い・悪いなどの性質はまったくないのです。

しかし、さすがに失恋という出来事があったら、悲しいという感情が生まれるのが当たり前ではないでしょうか？（失恋↓悲しい）

この出来事と感情の関係を、もう少し深く見てみます。なぜなら、失恋して悲しい状況になってしばらく立ち直れない人と、悲しい思いはしたけれど、気持ちを切り替えて比較的早く立ち直れる人がいるからです。

たとえば彼氏が自分から離れて、ほかの女性を愛するようになったというケース。ある人は、自分が至らなかったのではないか、魅力がなかったからだと落ち込み、悲しくなります。食事ものどを通らなくなり、体調を崩し、元気がなくなり、顔色も冴えないから新しい出会いからもどんどん遠ざかって、しまいには生きていくことが嫌になってしまったとします。

しかし別の人は、悲しむだけ悲しんでから、よく考えてみたら「自分のことではなくほかの女性を愛せる人に束縛されていたとするなら、それはもっと不幸なことだ」と気づき、女友達と出かけてお酒を飲んだり、旅行に行くことを気兼ねなく楽しむことができるようになります。そんなふうにハッピーな気持ちでいたら、それが自分の魅力にますます磨きをかけ、もっとステキな人に出会うことになった。

この違いはどうして生まれるのでしょう？ このように出来事が感情を生むのではなく、出来事の「受け取り方」が感情を生み出している、と考えるのがABC理論です。「受け取り方」は「ビリーフ」と呼ばれ、悩みの原因は、出来事そのものではなく、すべて、「ビリーフ」にあるという考え方なのです。

A：Affairs（出来事）あるいはAction（行動）
B：Belief（ビリーフ・受け取り方）
C：Consequence（結果・感情）

ビリーフは、今までの経験からくる固定観念とか、思い込みでできているフィルターと考えることができます。それらは、その人が何を経験したか、どんな親に育てられたのか、どんな教育を受けたか、どんな文化の影響を受けているのかによって変わります。ビリーフには2種類あり、思い込みによるもの、不健全、ネガティブな受け取り方を「イラショナルビリーフ」、事実に基づくもの、健全、ポジティブな受け取り方を「ラショナルビリーフ」と言います。

たとえば、「私は上司に嫌われている」と思っている人がいたとします。「嫌われている」と感じるには具体的な行動があるもの。この場合は、「上司がミスした部下に注意した」ということにします。これをイラショナルビリーフで受け止めると、「上司は私のことが嫌いだから、ミスを注意して嫌な気持ちにさせようとしている」となります。しかしそれは推論であって、事実ではないかもしれません。上司に直接「私のことが嫌いだから、そうやって注意をしてみんなの前で恥をかかせるのですね！」と確認でもしない限り、推測でしかないのです。実際に確認してみたら、案外「きみは仕事ができると信じているから育てたいと思って注意をしたんだ。期待しているよ！」なんていうことになるかもしれないのです。

ラショナルビリーフで受け止められる人は、ミスを注意してくれたことで、自分が成長することができた！と感じます。ミスによって人が成長できるのは事実です。たとえ本当に嫌っているから上司があなたのミスを指摘したのだとしても、受け取り方によって自分が成長させることは可能です。何事も自分にプラスに変えられるのです。

自分の受け止め方が、ラショナルビリーフなのか、イラショナルビリーフなのか、確かめる方法に、ABCにもうひとつ加えたD＝Disputing（反論）というものがあります。それは事実か推論か、ほかに考え方を変えることは可能か、という具合に、自分の受け止め方に自分で反論してみるのです。そうすることで、健全な受け止め方に変えることが可能になります。

私はこの考え方を、飼い主さんのお悩み（犬の問題行動解決）に応用できないか考えてみました。飼い主さん側が「犬がドアホンに吠えるので困る」という場合に当てはめてみます。

A（行動）……（ドアホンが鳴ると）吠える
B（受け取り方）……？
C（感情）……困る

ではBの受け取り方はどうなるでしょう。よくいわれるのは、「近所迷惑になるから困る」という受け取り方です。それは事実ですか、推論ですか？　レッスンでは、実際に苦情が来たというケースもありましたが、私が経験してきた2000件以上のレッスンでは、多くの飼い主さんは近所に気を使って「吠えるのをやめさせたがっている」ことが多かったのです。確かに住環境によっては、あまりにひどく吠え続けられると近所迷惑になりますが、それは「吠える」という行動そのものがいけないのではなく、「吠える声が迷惑になる環境で飼育していることが悪い」と考えられるのではないでしょうか？

「犬が吠える」ことを知らないで飼う人は、ほとんどいないと思います。なかには「この犬は吠えません」と説明するペットショップの店員さんもいるようで、伝えるほうも伝えるほうですが、それを信じて買ってしまったとしたら、買うほうも勉強不足。犬は、吠える動物です。

「Doggy Labo」を立ち上げて間もないころ、私はアクセルと一緒に、くりこま高原の山荘に招待を受けました。2000坪の敷地内にある母屋から200mくらい離れたところに山荘があり、そこに泊まらせてもらったのですが、夜、お風呂に入ろうと、アクセルをソフトケージに入れて2階の部屋に置き、1階へ降りて行くと鳴き始めてしまいました。2階に上がってマニュアル通り叱って（当時はそれが正しいと思い込んでいました）、また1階に降りていったのですが、また鳴くので2階へ上がり、ということを数回繰り返していたら、一緒に泊まっていた友人が、「かわいそうだから1階のリビングでうちの犬と一緒にいたら」といってくれました。まだ駆け出しのトレーナーだった私は、未熟さを露呈しているようで恥ずかしい気持ちになりながら、しぶしぶ彼女の提案を受け入れました。

次の朝、母屋で朝食を食べるとき、アクセルが鳴いてしまったことをわびると、「そんなの全然聞こえないよ」と笑われてしまいました。たしか

にこんなに広いところで聞こえるわけはないし、近所迷惑かというと、目で確認できる範囲に家は見当たりません。母屋に聞こえないなら、ご近所さんに聞こえるわけがないのです。くりこま高原の山荘では、アクセルの「吠える」という行動は、近所迷惑でも、問題行動でもありませんでした。

環境が変わると、問題行動は問題ではなくなる。それをひとくくりに「問題行動」と呼んでいいのでしょうか？　吠える犬が悪い、とすることは正しいのでしょうか？

知らないところに連れて来られて、ひとりで誰もいない部屋に置いて行かれ、アクセルはさぞ不安だったのでしょう。そんなアクセルを、私は何度も叱りつけたのです。さびしくてピィピィ鳴いていたアクセルを叱ることは、正しいことだったのでしょうか。犬のしつけやトレーニングに関してまったくの素人だった友人の判断のほうが、人間的・感性的に正しかったと、今では思います。

私がアクセルを部屋に置いて静かに待たせよう

としたのは、「ドッグトレーナーなのだからそれくらいのことはできなくてはならない」、「できなかったら恥ずかしい」、という間違った受け取り方によるものでした。中途半端に犬のしつけについて学んでしまったために、こうあるべきだという思い込み、受け取り方のせいで人として本当にしてやるべきことがわからなくなっていたのです。思いやりに欠け、支配欲に侵された自己中心的な考え方に陥っていました。

このことはとてもショックで、東京に戻ってからしばらく、吠えるアクセルを叱るたびに心がモヤモヤしたことを覚えています。今も、マンションという集合住宅に住んでいて、やはり近所迷惑になるのではないか、苦情が来たら追い出されてしまうという恐怖から、犬たちを叱ってしまうことがあり、胸が痛みます。悪いのは犬たちが吠えることではなく、吠えたら迷惑をかけてしまうような環境で、吠える動物を飼っていることです。あるいは、本当にそれほど迷惑になるのか、動物との共生において、神経質になりすぎている人間のせいだともいえます。

『愛犬のトラブル解消のためのブリーフセラピー』（アルテ）という本で、著者の※若島孔文先生は、こう書いています。

「犬が吠えるのは当然です。最近は人間が神経質になりすぎていて、やれ犬の鳴き声がうるさいだの、やれ犬の毛がどうだの、犬のおしっこがどうだのと、すぐ問題にする傾向があります。そんなことよりも人間は人間としてできることをやればいい。そして動物いじめをしない、そういう気持ちを持ってほしいものです。もちろん飼い主はできる限りのことをするのが大切なのは言うまでもありません」

まったくおっしゃる通りだと思います。普通に考えたら当たり前のことなのに、なぜ人はこれほどまでに、犬によりそえなくなってしまったのでしょうか。とくに犬たちは、非常に窮屈な「生」

※若島弘文先生……東北大学大学院教育学研究科准教授、臨床心理士、家庭犬訓練指導士。ドゴ・アルヘンティーノのブリーダーでもある。

を強いられているように思えてなりません。

かくいうわが家も集合住宅。とくにシュナウザーは警戒吠えが得意で（苦笑）、ドアホンが鳴ったときの吠えたい気持ちはなかなか強いです。犬は吠える動物ですとはいったものの、やはり近所からの苦情は怖い。しかし、犬たちも長々と吠えているわけではなく、配達の人が来たときなどの吠えは、1分もないことがほとんどです。完全に吠えないわけではなく、多少吠えてしまう状態ですが、今のマンションに引っ越してきてから8年目、幸い今まで苦情はありません。

お隣さんの犬も、たまに吠えているときがあります。ほかの部屋から遠吠えをしている声も聞こえてきたりしますが、正直それほど迷惑に感じることはなく、お互いさまという気持ちです。深夜に救急車や消防車がすぐ近くを通ったとき、わが家の犬たちが遠吠えしてしまったことがあり、それはさすがに迷惑になったかと思いますが、大目に見ていただけたのではないでしょうか。そもそも、犬の吠える声で起きる前にサイレンの音で起きてしまうでしょうから。

「お散歩のときほかの犬に吠えて困る」というお悩みも少なくありません。これをABC理論で見てみましょう。

A（行動）……（散歩中ほかの犬に）吠える
B（受け取り方）……？
C（感情）……困る

このときの受け取り方はどうでしょう。そもそも、なぜ困るのでしょう。相手に迷惑だから？しかし、相手は本当に不快に思っているでしょうか？不快そうな顔をする人もいますが、そういう人のほうが少ないのではないでしょうか。犬を飼っていない友人に、外を歩いているとき犬に吠えられたらどうか聞いたことがありますが、「別に」という答えでした。またあるときテレビ出演の相談があり、ディレクターが、犬が吠えることに関して「そんなに気にする人はいないんじゃないですか」というのを聞いて当時は違和感を覚えたのですが、これは彼が正しかったと思います。

それから、「世の中そんなものなのかもしれない」と思うようになりました。犬は吠える動物なのに、吠えてはいけない、吠えさせてはいけないなどと習性や本能を無視して、犬たちのQOL（生活の質）を真の意味で考えることなく、人間のエゴを押しつける「しつけ」という名のミス・コミュニケーション。犬が吠えることに敏感になりすぎて、それを必死で悪いことだと決めつけて改善しようとしているのは、ドッグトレーナーと、そういうトレーナーに影響されてしまった飼い主さんたちだけなのでは？とさえ思ってしまいます。

ほかの犬と出会ったとき、犬が吠えるのにはいくつか理由があります。ひとつは、怖いから。不快を感じる距離に近づいて来た相手に対して、近くに来てほしくなくて威嚇する場合です。もうひとつは、相手との相性によってケンカを仕掛けるときです。これは去勢していないオス同士の反応に多く、リード（引き綱）がついている状態だとさらにやる確率が高くなります。近づきすぎると危険な場合も多いので、回避するか、安全な距離を取ってすばやくすれ違ってしまうのがよいでしょう。そしてもうひとつは、あいさつしたかったり、遊びたくて誘っている場合です。「あいさつできたら吠えなくなるので」と、吠えるたびにあいさつさせてもらっていたら、あいさつできないときにさらに激しく吠えるようになるので、要注意です。

外で吠えてしまう場合にやっかいなのは、犬が苦手な人に不快感を与えたり、声に驚いた人が転んでしまったりすること。それがお年寄りだと、大ケガにつながってしまうこともあります。実際の裁判で、通りの反対側を通っていた犬が吠えて、お年寄りが驚いて転んで骨折してしまい、多額の賠償請求を受けてしまったというケースがありました。お年寄りや子どもとすれ違うときは、気をつけなければなりません。

散歩しているときに自分の犬が吠えたら、たいていの飼い主さんは犬を叱ります。しかし、犬が怖くて吠えている場合、叱るのは犬との正しい会話でしょうか。吠えている理由によっては「大丈夫だよ」と声をかけて、守ってやるのが飼い主の役目ではないのかと、私は思うのです。こういう場合犬を叱る飼い主さんは、本当に叱りたいのではなく世間体的に叱る（ふりをする？）ことがあるようです。叱らないと、「吠えたのに何もしないダメな飼い主とダメな犬」と見られるのが嫌なようです。これも、受け取り方の問題です。

A（行動）……（散歩中ほかの犬に）吠える
B（受け取り方）……ダメな犬、ダメな飼い主、と思われたくない（それは事実？）
C（感情）……困る

なので「困る」んですね。もし、犬の「怖い」という気持ちを受け入れてあげられるのなら、「困る」ではなく「かわいそう」となるはずで、怖くないように何とかしてやろうと考えるはず。そんなときは、おやつでごまかしながらすれ違うとか、距離が近いようだったらUターンして走るとか、回避するようにしてはどうかと思います。しかし、「Uターンして走る」という方法を紹介すると、「逃げてもいいんですか」と驚く飼い主さんがいます。何も、わざわざ「逃げる」と考えなくてもいいと思います。怖い目にできるだけ遭わないように上手に回避してやる、という発想でいいのではないでしょうか。なかには、「回避すると負けた気がする」という飼い主さんがいますが、一体何と戦っているのでしょうか!?（笑）

怖がっている愛犬にどういう言葉をかけてやるべきなのか、間違った犬のしつけマニュアルに影響を受けた思い込みに惑わされることなく、散歩中にもっと愛犬によりそい、正しい会話ができる飼い主でありたいものです。

犬に伝わるメッセージ

若島弘文先生（P58参照）との出会いは、人生のなかでも忘れられない出来事です。アニマルセラピーについて調べていたところ、『犬と家族の心理学』（北樹出版）という本を知り、著者の若島先生に取材させていただくことになりました。初めてお会いした若島先生は、小柄ながらがっしりとした体つきで、ドゴ・アルヘンティーノという犬種のブリーダー（しかも原産国アルゼンチンの公認！）がよくお似合いでした。ドゴをコントロールするにはそれなりの体格が必要であるということは承知していましたし、強そうなドゴのルックスにふさわしい方であることをうれしく思いました。

さっそくアニマルセラピーについてお話を伺ったのですが、そのときにプレゼントしてくださった著書に、私は引き込まれてしまいました。それはP58にも出てきた『愛犬のトラブル解消のためのブリーフセラピー』（アルテ）という本で、犬とのよい関係を作るためにはコミュニケーション論で考えるべきだ！という若島先生の考えがよくわかるものだったのです。「はじめに」の一部が強く印象に残ったので、引用させていただきます。

行動学者であるワトソン（Watson,J.B.）はあたかも刺激反応図式で、どのような犬（あるいは人間）でも作れるかのように述べたが、クソくらえだ。

（中略）

犬は一方的な存在ではありませんから、一義的な行動修正の手法はありません。そして、「報酬と罰」だけによって、あまりに問題を直線的に考えることにも問題があります。そのような学習理論（行動理論）に加えて、精神の生態学者であるグレゴリー・ベイトソンが展開した生態学的相互作用論―コミュニケーション理論―に基づくブリーフセラピー（短期療法）の考え方が有効であると筆者は考えています。

この本を読み進めていくにつれ、私は体が震えるほど感動しました。今、私が感じている「犬のしつけ」に対する違和感は、この「コミュニケーション理論」で説明・解消できるのでは！　そう思い、もっと深く理解できるよう勉強したくなりました。G・ベイトソンに関する本も読みましたが、美大で造形を学んできた〝感覚頭〟には難しすぎる！　しかしどうにか理解して、「新しい犬との付き合い方」を見出したいと強く思いました。

ここから書くことは、私なりに理解し、飼い主さんや私が養成しているメンタルドッグコーチのみなさんにもわかりやすく説明しようと試みたものです。まだまだうまく説明できないところもあるかもしれませんが、どうぞお付き合いください。

今までの犬のしつけやトレーニングには、大きく分けると2つの方法がありました。犬が喜ぶもの、よい刺激で教える「陽性強化」（ほめたり、おやつやおもちゃなどを使って教える方法）と、犬が嫌がるもの、嫌な刺激で教える「陰性強化」(無視したり、大きな音を出したり、ひどいものだとたたいたり蹴ったり、チェーンカラーでショックを与えたりという体罰を使って教える方法)です。

この2つの方法には賛否両論があり、トレーナー同士が対立するようなことさえあります。しかし、コミュニケーション理論に基づいて考えると、どちらが「アリ」か「ナシ」か、ということではなくなります。横軸だけの「良い—悪い」で考えるのではなく、縦軸を引いて「有効—無効—逆効果」で考えるのです。

チェーンカラーは「締め首輪」と呼ばれることもありますが、訓練所で私が使用していたときは、所長から「鎖がぶつかり合うガリガリという音を使って犬をコントロールするもの」と教わりました。なので、音を怖がらない犬には効果がない、といわれました。犬の体にショックがかかるほど強く引くものではありませんし、ましてや吊り上げるものではないはずなのです。残念ながら実際は、犬の体が宙を舞うほど強く引いたり、吊り上げている様子を訓練所で見たことがあります。

そんなチェーンカラーですが、「犬が強く引っ張ったときにガリッと音を立てたら引っ張るのをやめた」ということであれば、それはその犬にとって有効だったということになります。なので、チェーンカラーを使うのは「アリ」になります。

ここではあくまでも音を嫌がるという前提で、強く引いてショックを与えたり、吊り上げて苦痛を味わわせるものではないことを断っておきます。

しかしほとんどの飼い主さんは、犬にとって嫌な刺激はかわいそうだと考えるので使いたがりません。そうなったら、チェーンカラーはたとえ有効でも使うべきではありません。

犬が喜ぶ刺激(食べ物を与えることなど)でも、引っ張る度合いを緩めさせることは可能です。ほかの犬を見たら吠えるとか、走っている人、自転車、車などを見たら吠えかかり、追いかけようとして激しく引っ張るというお悩みがよくありますが、こういう場合、犬が吠えて引っ張りたくなる対象に出会ったら、おやつやおもちゃなどを与えて気をそらしてすれ違うようにするという方法があります。犬は、吠えたくなる・追いかけたくなる対象に出会うと、おいしいものがもらえたりおもちゃが出てくるので、そういった場面で飼い主に注目するようになります。この場合、そうした対象があっても犬が注目してくれる、犬の意識を引きつけられるような有効なものである必要があります。引きつけられないものは無効となりますので、それでは学習させることができない、ということです。大好きな食べ物を使う場合、大好きすぎてさらにコントロールが難しくなった、ということになればそれは逆効果なので、使うべきではないでしょう。

つまり、犬との付き合い方は、双方はもちろん、さまざまな作用によって決まるのです。チェーンカラーの場合はチェーンと犬、飼い主との関係、環境の中での作用、おやつやおもちゃの場合にはおやつ、おもちゃと犬、飼い主との関係、環境の作用で決まります。

チェーンカラーも、プロのドッグトレーナーが使うのと一般の飼い主さんが使うのでは勝手が違います。私が訓練所にいたころは「皮のリード（ムチのようにしなる革ひもと、チェーンカラーにつなげるためのナスカンがついたもの）とチェーンカラーを使いこなせるようになるには3か月かかる」といわれていました。チェーンカラーの音をその犬がどう感じるか、チェーンカラーの音に反応することを飼い主がどう感じるか、どんな環境でそれが行われるのか、訓練所内なのか、家の周りの散歩コースなのか……。そんな要素が複雑に絡み合って、犬の行動に出るのです。犬との付き合いは、「こうしたらこうなります」という単純なものではないのです。

このことを、コミュニケーション理論では「相互作用」と呼んでいます。ある方法があったとして、このケースでは有効だったけれど、ほかのケースでは無効（あるいは逆効果）になり得るのだということを肝に銘じておかなくてはなりません。「あるときに正しい理屈が、あるときには正しくない」ということを、理解してなければならないのです。

たとえば、「甘噛み」はマズルをギュッとつかんで「キャン」というまで握りしめる、というしつけ法がありますが、やってみたら甘噛みしなくなったのならそれは「有効」だったということになります。でも、やってみたけど全然やめない。それどころかさらに激しく噛むようになってきたということならば、これをコミュニケーション理論で考えると、「無効」、さらに「逆効果」が起きているので、やってもムダかやってはいけないということになります。

そういう考え方に気づけず、結果が出るまでやらなければならない、激しく噛んできたらさらに激しくギュッとつかまなくてはいけない、と思い込んでいるトレーナーは少なくありません。結果として、ひどい〝噛み犬〟（という呼び方もいかがなものかと思いますが）を作り出してしまう、というケースがあまりにも多いように思います。結局、激しく噛む犬にしてしまったトレーナーがトレーニングを中止して逃げてしまうこともあるようで、そんな話を飼い主さんから聞くたびに業界としての意識の低さを恥じる思いです。

「ドッグトレーナー」と名乗る人たちが世の中にこれほどいなかったころは、「トレーナーが噛むようにしてしまった犬」はあまりいませんでした。ところがいろんな学校からじゃんじゃんトレーナーが輩出されるようになった今、残念ながら「トレーナーに来てもらったのにかえって噛むようになってしまった」と訴える飼い主さんのレッスンが増えてしまっています。

相互作用は、ふだんの生活にもたくさん存在しています。たとえば、お父さんが愛犬を呼ぶ。呼ばれた愛犬は、お父さんのそばへ行こうかどうしようか迷っている。いつも呼ばれるから行くんだけど、それほどうれしいことはしてもらえない。自分がさわったり抱っこしたいということばかりで、犬にとってはそれほど楽しくない。でも、特別嫌なこともされない。そこへ、子どもたちがキャッキャッと楽しそうに部屋に入ってくる。そうすると犬はそっちのほうが楽しいものだから、子どものところへ走っていってじゃれつく。この場合、「お父さんが呼んだのに来なかった」ということになりますが、だからといってこの犬が「呼んでも来ない犬」ということではありません。もしかして、お父さんがおやつを持っていたら、あるいは呼ばれて行くと必ずおやつをくれる、それを犬が学習していたのなら、子どもたちが入ってきてもお父さんのところへ行ったでしょう。

つまり、日ごろの関係性も作用しているのです。これを「犬がお父さんをバカにしている」などとすることは大間違いです。すべては相互作用によって起きているのです。「おやつを持って呼んだら、犬は来ますか?」という単純なことではないのです。

そうした相互作用が起きていることを理解するために必要なことは何でしょう? それは、「メタる」ことです。「メタ」=高い次元の、程度や水準の高い、という意味です。「メタる」とは、「より高い次元から見ること」を意味する、東北大学で若島先生たちが使っている造語です。

たとえば、ある人が犬にオスワリを教えている。ところが犬はなかなか座らない。その人は犬しか見えていないから、「この犬は頭が悪いのか」としか考えられない。この場面を、自分を含めて外側から客観的に見ることが「メタる」ということです。

実際、第三者が見ていたとしましょう。その人から見たら、教えている側の人が、犬に何をさせたいのかとてもわかりにくい。どうやらオスワリをさせたいようだけれども、犬はよくわからなく

て困っているようにさえ見えて、「教え方が下手なんだ」と理解できる。つまり悪いのは犬ではなく、教えている側だということになります。この第三者の視点で、（自分も含めて）犬と自分を見ることができることを「メタる」というのです。つまり犬が悪いのではなく、悪いのはわかりにくい自分だということに気づけるかどうか……。すべて相互作用によって行動が決まるのです。この場合は、教える人が変われば、犬はすぐにオスワリをするということも起こります。飼い主さんが指示してもダメなのに、トレーナーが「オスワリ」というと座ったりしますよね。自分の影響で相手の行動が決まると同時に、相手の行動で自分の行動も決まっているのです。

メタメッセージとは、「メッセージに対するメッセージ」（G・ベイトソン）のことだそうです。「犬たちは、メッセージよりもメタメッセージを受け取っている」と若島先生はいいます。

甘噛みをされて、「痛い!やめて!」といっているのに全然やめてくれなくて、噛まれ続けてしまう飼い主さんがかなりいます。とくに女性や子どもに多いようです。これは、メッセージは「痛い/やめて」なのですが、メタメッセージは本気でやめたほうがいいのか、じつは楽しんでいるのかが犬たちには伝わっていないということが起きています。伝わってないのですから、間違っているのはメタメッセージのほうということになります。これが、声が低く迫力のある男性(お父さんや旦那さん)がいうとやめるのなら、犬たちにとってのメタメッセージが違うのです。これは、人間関係にも当てはまることです。

話が少しそれますが、メジャーリーグの試合終了後にイチロー選手がいる控え室を、オバマ前アメリカ大統領が訪れたそうです。イチロー選手は、ジョークを披露しようと準備していたそうですが、「オーラがすごすぎていえなかった」と告白しています。あのイチロー選手でさえそうなのですから、オバマ前大統領のオーラのメタメッセージは、想像を絶するほどパワフルなのでしょう。そして、犬たちにそうした〝何か〟を感じ取る能力があるということは、とても納得できます。それは表面的なものだけではなさそうです。

若島先生は、「犬のトレーニングが上手な人は、メタメッセージが違う」といっています。本気なのか遊びなのか、やったほうがよさそうなのか、やらなくてもいいのか……。犬たちにはちゃんとお見通しなのです。犬同士はもちろん、オオカミやコヨーテに至るまで、ケンカの行動と遊びの行動はほぼ同じです。噛んだり、パンチしたり、乗っかったり、追いかけたり、くわえて引っ張ったり。しかし彼らは、お互い遊びなのか、ケンカなのかメタメッセージで伝え合うことができていて、ちゃんとわかってやっているのです。私たちと付き合うときも、それはとても重要なはず。きっと犬たちは、「人間って何てメタメッセージが下手くそなんだろう」と驚いていることでしょう。い

つからか人間は、メタメッセージをうまく使えなくなってしまったようです。言葉を発するようになってからともいわれますが、言葉を使っていても、メタメッセージはしっかり存在しています。「大丈夫?」と声をかけると「大丈夫」と答えるものの、うずくまったままちっとも大丈夫そうに見えないとか、「すみませんでした」といっているけれども、まったく謝っているようには見えないとか……。大丈夫そうに見えない、謝っているように見えないのは、メタメッセージが逆だからなのです。

犬たちのアイデンティティー(うちの子はこういう子です、という自己同一性)は、じつはひとつではありません。なぜならば、相互作用によって役割が変わるからです。家族のなかでも、お父さんと犬、お母さんと犬、子どもと犬だと、それぞれの相互作用によって犬の役割も変わるのです。人間だって、家庭では母や妻であり、会社では上司（部下、同僚）であったり、相互作用によっていくつもの役割があります。そのように人間は多面体である、と認識するのは簡単かもしれませんが、犬となるとそう思えない人も多いようです。しかし、犬たちもやはり多面体。それを理解してやることはとても重要です。なぜなら犬たちは、それぞれの家族との相互作用によって役割が変わると混乱し、ストレスを感じるからです。

いつもやさしくて命令なんかしないお父さんが急に命令し始めたら（トレーナーに「お父さんをバカにしています」などといわれて、急に態度を変える人は少なくないはずです）、犬は混乱します。従わなかったからといっていきなり罰せられたりしたら、ものすごいストレスになるのです。また、メタメッセージで友達だと思っていた子どもから「僕のおやつを取るな！」と叱られたら、やはり犬たちは混乱すると思うのです。友達とはおやつのシェアはアリ、奪い合って争い合うのは、遊びのひとつと思っていたかもしれないのですから。

家族が4人いたら相互作用は4パターン、関係性は4つ、さらにお互いの相互作用を考慮したら、4×4で16通りのものさしがあることになるかもしれません。ものさしがたくさんあるのに、そのものさしの上で、誰が1番で誰が2番で犬はどこに位置するのか、確認することは可能でしょうか？　家族にヒエラルキーが存在するのなら、ものさしはひとつでなければならないはず。でも実際には、少なくとも4つあるのです。さらに場面が変わると、ものさしが増えたり変化することもあります。

社会、家庭、キッチン、運動会、遊園地、ドッグランなどなど……。いろいろな場所や局面でそこにあるのは順位ではなく、役割。ただそれだけだと思います。

オオカミ階級伝説崩壊！

訓練所に勤務していたころは、私はあまり犬の本を読みませんでした。その後訓練所をやめてシドニーへ渡り、ドッグテックインターナショナルで研修を終えて帰国してから、いろいろ読み始めるようになりました。2000年ごろは犬に関する本がまだまだ少なく、大学教授や獣医さんが書いた本が多かったのですが、読んでみてどうも違和感がありました。それで、海外の本や翻訳書を積極的に読むようになったのです。

2002年に「DoggyLabo」を立ち上げたときには、「飼い主は群れのアルファ（リーダー）になるべき！」という説が主流でした。犬の先祖はオオカミだから、オオカミの習性を参考にしつけやトレーニングをすべきである、という理由からです。オオカミの群れには「アルファ」というリーダーが存在し、階級や順位があるとされていました。人間は犬たちの上に立ち、リーダーにならないと犬がいうことを聞かない、と。ドッグテックでそう教わってきていましたので、当時は私もそれを信じていました。「（そのとき飼っていた）ロックもコタローも、私に服従すべき」という考え方に異論はありませんでした。今思えば、もっとよい関係になれたはず、もっと彼らの声を聞けたはずと、悔やまれてなりません。

「Ｄｏｇｇｙ Ｌａｂｏ」を立ち上げてからしばらくは、ドッグテックで教わってきた通り、「飼い主は犬たちのリーダーとなれ」、「犬はソファに乗せるな」、「犬と一緒に寝るな」、「食事は飼い主が先に食べろ」などと飼い主さんにアドバイスしてきました。でもだんだん、何かおかしいのでは？と感じるようになったのです。

ロック、コタロー、アクセル、フーラと、愛犬の数が増えていくにしたがって、それは確信のようなものに変わっていきました。彼らに、オオカミの群れに見られるような階級があるとは思えなかったのです。まさに感性で「何か違う」、そう感じ始めました。レッスンで出会う犬の頭数が増えていくと、さらにそう思うようになりました。

そんなとき出会ったのが、『動物感覚』（Ｐ35参照）という本。この本に、アドルフ・ムーリー博士の著書『マッキンレー山のオオカミ』のことが書かれていました。博士の観察・研究によると、オオカミは階級を争う群れではなく、家族だったというのです。この本は１９７５年に発行されていたのに、この説はなかなか広まらず、今なお「オオカミにはアルファと呼ばれるリーダーがいて、飼い主は犬たちのリーダーになるべきだ」という説が信じられているのはなぜでしょう？

オオカミのことを学ぶのは、当時ドッグトレーナーとしては当たり前だったので、私もオオカミにまつわる本を多く読みました。私が最初に読んだのは以下の２冊。いずれもオオカミが群れを作り、リーダーが現れたと結論づけています。（現在では、囲いの中に無作為に選んだオオカミを入れてしまったため、正しい群れの形にならなかったものを観察した結果であるとされています）

『オオカミと生きる』
ヴエルナー・フロイント著（1991年／ドイツ）
ドイツ南西部・ザールラント州メルツィヒの、カールフォルストという街にある金網に囲まれた地区にオオカミを入れて観察。

『オオカミ』
エリック・ツィーメン著（1995年／スウェーデン）
ドイツのリックリングに囲い地を作った後、バイエルン森林公園に野外の囲い地を作ってその中にオオカミを入れて観察。

囲いに無作為に入れられたオオカミの中に、もしお父さんが2頭いたら、それは家族ではなく自治体の組織や会社の組織のようなものになります。争いを避けるためには、リーダーや順位を決めて秩序を保つ必要があります。そのために、リーダーと明らかな階級ができたと考えられます。

オオカミのリーダー論に関しては、ずっとモヤモヤしていたのですが、ある日、シカゴに住む友人が1冊の本を送ってきてくれました。そこには、40年以上前のムーリー博士の著書と同じく、「オオカミの群れは家族だった」と書かれています。書名は『Beyond Words（言葉を超えて）』（2015年）、著者はカール・サフィナです。それは囲いの中に無作為に入れられたオオカミの集団を観察するものではなく、イエローストーン公園に蘇った自然なオオカミの群れ（家族）を観察して書かれたものでした。まだ日本で翻訳出版されていないので、拙い私の訳になりますが、参考になればと思い引用します。

イエローストーン公園に生息するオオカミの観察によると、リーダーとされるアルファのオスは、群れのほかのオス（自分の息子たちや養子に迎えた子、あるいは弟）を過度に攻撃することはありません。アルファオオカミがアルファとして存在する条件は、〝ある種の性質〟を持っているだけに過ぎないのです。

ある種の性質とは、「最も支配的である」ということではなく、つねに部下を怒鳴り散らすようなリーダーでもなく、静かな自信を持った、自分が何をしたいか（すべきか）、群れにとって何がベストかを知っていて、それを心地よいと感じ、群れを落ち着かせることができる能力です。

本当の群れは家族で、アルファが力や恐怖心で群れを支配することなどなかったのです。つまり人間も、犬たちに対してそんなふうに支配する必要はない、ということです。

アルファにおける〝ある種の性質〟については、「ダグ・スミス」という人物にたとえてわかりやすく説明されていました。ダグは、とても悠長で思いやりがあり、誰に対しても怒鳴ることはなく、みんなの状況をいつも把握し、やさしくまとめる力を備えていて、みんなから最高の信頼を得ていました。そして、自然に人々をやる気にさせたそうです。それが本当の野生の群れ、家族を観察した人が感じたアルファの性質なのでしょう。

また１９８９年に、デビッド・ミーチ博士はカナダのエルズミーア島で野生のオオカミの群れを観察。その結果、オオカミが家族単位で暮らすこと、家族を守るのは親オオカミであること、子オオカミが順位をめぐって親に戦いを挑むことはないことを確認し、平和を維持するための階級制など必要ないと結論づけています。

また、ジョン・ブラッドショーの著書『犬はあなたをこう見ている』（２０１６年）では、人間が犬たちを力でコントロールすることになったきっかけがこう説明されています。１００年以上前に、犬の訓練の草分けとなった警察官コンラッド・モスト大佐が、当時の生物学者による野生（と思われていたが実際には違ったオオカミの）群れについて、「１頭のボスが、群れを〝恐怖心〟によって思いのままに動かしている」という間違った見

解を採用して、「人が犬をコントロールできるのは、その犬が『この人には力の上ではかなわない』と思い知ったときだけだ」と考えたからだ、と。

つまり、愛犬をコントロールしたければ、力で愛犬に「この人にはかなわない」と思わせることが必要だ、という誤解が広まってしまったのです。

しかし、その説は〝本当の群れ〟を観察した結果によって覆されることになります。犬の行動を理解するときに必ず目安とされるオオカミの群れは、（人間が介入してメチャクチャにしない限り）仲むつまじい家族の集まりで、力で支配することによる主従関係や順位などない、ということです！

なので、今までの〝おかしなしつけ〟はすべてやり方を変えなければならないのですが、まだこの事実を知らないドッグトレーナーが多いのが現状です。飼い主さんやその愛犬たちは、そうしたトレーナーたちの被害に遭っているのです。力で押さえつけるしつけやトレーニングの犠牲とな

り、そのことが原因で犬が飼い主や他人を噛むようになったケースを改善するレッスンが、15年前に比べると増えてしまったのは悲しい事実です。
　噛むようになった原因の多くは、人間が先に攻撃（しつけという名の虐待）をしていることにあります。小さな子犬を迎えて仲良くなろうとするどころか、「人間にはかなわないんだぞ！」と教えようとして力で押さえつけたり攻撃したりする。犬たちはそんな人間を信じることができなくなり噛みつく、という悪循環が起きるのです。
　今こそ、これまでの古いしつけの常識である「飼い主は犬より上でなければならない」、「リーダーとしてふるまわなければならない」という考えを改めるときが来ました。私たちは、犬たちとどう付き合いたいのでしょう？　犬たちによりそい、人として自分の胸に手を当てて心の声を聞いてみれば、その答えが見つかるはずです。

西洋的な支配思想?

犬のしつけやトレーニングでは、西洋から輸入された考え方がベースになっていることが多いと思います。私もこの仕事を立ち上げたころは翻訳書を読みあさり、ドッグトレーニングの研修はオーストラリアで受け、西洋のドッグトレーナーによるセミナーを多く受講してきました。それらの経験は、私の考え方のベースに大きく影響しているのは事実です。

しかし、日本で今まで2000頭以上の犬たちと、彼らの家(彼らのホーム)で向き合ってきて、少しずつ考え方が変わってきた部分があります。

動物に関する考え方は、自然や宗教、文化によって異なります。和辻哲郎氏の著書『風土』(岩波書店)によると、世界の文化は「モンスーン型」、「砂漠型」、「牧場型」に分類されるそうです。モンスーン型の気候は、夏の季節風が湿った空気を運んできて雨を降らせ、植物や動物がすくすくと生い茂ります。そして人間も自然の恵みを受けることになるので、受け入れる態度が生まれるのだそうです。自然災害も多く、人間はこれに太刀打ちできないことを知っているので、耐える態度も生まれます。日本の文化は、そうした「受け入れて、耐える」という風土に影響を受けています。

それに対し、犬のしつけやトレーニングの発祥の地と考えられるヨーロッパは牧場型で、夏の季節風が大雨を降らせることもなく、そういう環境では雑草が生い茂ることもなく、土壌を切り開けばいつでも牧場を作ることができる。つまり自然が人間に対して従順だったために、「自然や動物はコントロールできるもの」と考える支配的態度が生まれたのだそうです。

この説によると、ヨーロッパは「支配しようとする、犬をコントロールしようとする」文化であり、対する日本は自然と調和し、受け入れる思想がある文化であることになります。この「受け入れる」は、「Accept（受け入れる）」という考え方（P26～参照）に通じます。

犬業界の知人で、高橋一聡さんという人がいます。10年以上前に、彼が主催した「ポチビジョンミーティング」という会に参加しました。『ポチ』とは日本の犬を代表する名前で、「日本の犬のヴィジョンミーティング」という意味が込められています。その会のテーマは、

●海外のまねごといらない
●過去のまねごといらない
●日本スタイルを創造しよう

というものでした。今まで犬のしつけやトレーニングは、海外の影響を大きく受けてきました。しかし私は今、それが変わるときが来ていると感じます。もうひとつ上の、日本人が持つ独特の動物感からくる付き合い方へ！

西洋文明の基礎には、ヘブライ思想とギリシア思想の2つの主要な思想があり、西洋の動物に対する考え方はこれらをもとにしてできたと思われます。ヘブライ思想は、人間が動物を支配してい

いとしています。旧約聖書の「創世記」には、「海の魚、空の鳥、地の上を這う生き物すべてを支配せよ」とあります。また、「すべての生きて動くものは、食料にするがよい」としています。神が創った動物を殺して食べるには、神の許可が必要で、動物の肉を食べることを正当化したと考えられます。

ギリシャの哲学者アリストテレスは、「自然は動物を人間のために創った」といいました。これは人間優位を表しています。そして、理性を持つ人間を動物の上に置き、理性がないとされる動物は人間の下に位置するものと考えたのです。彼らは人間をも差別して、奴隷と動物は同一のレベルという考え方を持つこともあったようです。

アリストテレスに次いで、人間が動物を利用してよいとし、動物の地位を人間より低いものにおとしめたのはフランスの哲学者・数学者であるデカルトです。デカルトは、「動物は機械のようなもので、思考する能力はなく、言語を持っていないから理性がない、理性がないから心はない」としました。なので、焼けた鏝を当てられたり、刃物で切られたりすると悲鳴を上げるが、それは蝶番が音と立てるのと一緒だというのがデカルトの「動物機械論」なのです。

しかし18世紀末、イギリスのジェレミー・ベンサムが、今までと違った動物観を唱えました。「人間が正しくあるためには、動物が痛みや苦しみを受けないようにすべきである。肌の色が違うとか、足の数や毛深さ、尾があるかないか、ということで感覚がある生き物を苦しめてはならない」と説いたのです。これによってそれまでの西洋の考え方は変わったとされていますが、犬のしつけやトレーニングには、やはり西洋的な支配思想が隠れているように思えてなりません。

それから2世紀も経った、2013年のこと。アメリカの中西部サウスダコタに行ったとき、立ち寄った街のお土産ショップには「有色人種

(colored) は入店お断り」という貼り紙がありました。肌の色が違うから店に入ってはいけない、という差別が今でもあるなんて！ 人生で初めて経験する驚きでした。日本の山奥へ行っても、こんな差別は存在しません。どうしてこの違いが生まれたのかを探るにあたり、『日本人の動物観―変身譚の歴史』（中村禎里著／ビイングネットプレス）という興味深い本に出会いました。

そこには、こうありました。「もともと日本人の心の伝統においては、人と動物との一体感が強かった、としばしば指摘されてきた。これにたいしヨーロッパ人の思想においては、人と動物との断絶感がいちじるしい、といわれている」と。

ヨーロッパ人の思想では、人と動物は違う、人間が上で動物は下、という完全な上下関係、動物に対する人の優越感があるのです。一方、日本人の思想では、人間と動物は同格の存在であり、対等に渡り合う関係でつながっている、という一体感があるというのです。

この点について検討するために、中村氏は資料として、『グリム童話集』（岩波文庫）と、『日本昔話記録』を比較しました。そのなかで人間が動物に変身する例、および動物が人間に変身する例を拾い上げ、そこに見出される特定の傾向を吟味することで、文化が持つ動物感の違いを捉えようとしたのです。

グリム童話集には、人間が動物に変身する話はたくさんあるそうですが、動物が人間に変身する話はごくわずかで、変身の意味も日本の昔話とは異なっていることがわかります。中村氏は、変身の種類を「疎外変身態」と「昇華変身態」に分けています。「疎外」は嫌ってのけものにする、という意味があり、「昇華」は一段上の状態に高められる、という意味があります。疎外は罰、昇華はごほうび、と考えるとわかりやすいのではないでしょうか。

グリム童話における変身で最も多いのは「疎外変身態」、つまり罰としての変身で、それは人間が何らかの意味で辱められた姿に堕とされることです。つまり、ヨーロッパ人の動物感の特徴である、「動物は人間に対して劣等である」という考え方が歴然と表れています。

『美女と野獣』は、罰として野獣に変身させられる話で私たちにも身近な話かと思います。グリム童話は1812年に初版が発行されており、美女と野獣は1740年に書かれています。ディズニー映画だと、わがままで傲慢な王子が魔女によって野獣に変身させられ、街の男と戦って瀕死の状態になりますが、ベルから愛されることによって人間の姿に戻る、という話です。人間が罰として野獣（動物）に変身させられ堕とされ、また人間に戻ります。そこには、人間はどこまで堕ちても人間の限界にとどまり、しょせん動物は動物である、という差別が存在すると考えられ、それこそがヨーロッパの動物感なのではないかと、中村氏はいっています。

また、動物が人間に変身する話が少ないのは、動物は人間に昇華することはできない、ごほうびとして人間にしてもらえることはないという、人間と動物には超えることができない断絶を置く動物感が示されているとしています。

それに対して日本の昔話では、人間が動物に変身する話に比べ、動物が人間に変身する話は倍以上あったそうです。日本の動物感においては、動物は少なくとも人間的状態まで上昇しうる、動物がごほうびとして人間にしてもらえるという、ヨーロッパの動物感との違いを見ることができます。変身態に関しても、「疎外変身態」や「罰としての変身」は少なく、「昇華変身態」や「ごほうびとしての変身」が多いのは、ヨーロッパに比べると動物を人間より下の存在として低く見る傾向が弱かったことを示すそうです。「ごほうび変身」はグリム童話にはほとんど見られないので、日本独自のものであるといえるようです。

また、ヨーロッパの世界の一神教に対し、日本における多神教（および仏教）の思想の違いも思想に影響しているということです。仏教の輪廻転生の考え方では、衆生（命あるもの）の肉体は滅んでも魂は残り、また別の生を受けるとされています。このように生死を繰り返す世界を、地獄、餓鬼、畜生、修羅、人間、天の六道に分けています。動物と人は共通の魂を持っていて、人間と動物には連続性がある、お互い生まれ変わることがある、と考えるのです。

さらに驚くことに、『古事記』、『日本書紀』、『風土記』には、何と神様が動物に変身する話がたくさんあります。トヨタマヒメは八寿ワニ（タツという説もあり）に、コトシロヌシはワニ、ヤマトタケルはシラトリに変身します。

ヨーロッパにもかつては動物を信仰する宗教があったそうですが、唯一神キリスト教に抑圧され、神性を帯びた動物は悪魔のような存在におとしめられてしまったそうです。ちょっと古いですが、『オーメン』（1976年公開）という映画に出てくるデミアンは悪魔の子で、頭に666の数字が刻まれていました。この数字は新約聖書ヨハネの黙示録によると「獣の数字」とされています。獣＝悪魔です。映画では、デミアンは「ジャッカル（山犬）から生まれた悪魔の子」とされています。ジャッカル（山犬）は母であると同時に、悪魔であるということです。

ジャッカルが悪魔であるという話の源は北欧神話にあるのでは、と私は考えました。ジャッカル＝オオカミではありませんが、およそ2000万年前に出現した犬の祖先「トマークトゥス（Tmarctus）」までは一緒でした。その後、約700万年前にイヌ科＝属の分類の中で分かれます。動物学者のコンラート・ローレンツは、イヌの祖先をジャッカルとしたことがありましたが、後に取り下げました。

ここからは私の個人的な仮説になりますが、北欧神話によると、昔、人間の国ミズガルズの東にある森に、イアールンヴィズ〝鉄の森〟という意味の森があり、そこに住む魔女のイアールンヴィジュルが子どもを産むのですが、その姿がオオカミでした。そのオオカミたちは、マーナルガム、ハティ、スコルと呼ばれ、月や太陽を追い、飲み込んでしまう（日食や月食のことではないかといわれています）のです。

また、同じくイアールンヴィズで生まれたとされるオオカミのフェンリルは、捕まえようとしたテュールという若者の腕を食いちぎったり、世界が終わるとき、最高神オーディンと対峙し、飲み込んでしまうとされています。魔女から生まれたこともあり、そうしたイメージから、悪魔の子ダミアンの母に、獣としての山犬が選ばれた気がしてなりません。

旭山動物園の現園長、坂東元さんの著書『動物と向きあって生きる』（角川学芸出版）には「欧米人は、キリスト教に根ざした合理的な管理をする、支配する、という考え方が強いと感じられる。それに比べて日本人は太古の昔から、動物を神とあがめてきた。そういう違いがあるので、野生動物への接し方にも微妙なずれが出てくるのだと思う」とあります。私も、西洋の支配する姿勢には違和感を覚えているひとりです。

「オビディエンストレーニング」という言葉がありますが、これは「服従訓練」と訳されます。短く「オビ」と呼ぶこともあります。この言葉は、どうやら少し誤解されているように思います。

先日、防衛訓練で犬がハンドラーに服従することを理解させるために、オビディエンストレーニングするところを見ました。防衛は、犬が大好きな「噛む」という行動をさせる訓練ですが、危険も伴うので確実にハンドラーと犬の心がつながっている必要があります。それを確認するために、服従訓練をするのです。

しかし家庭犬においては、この「服従」の意味が誤解されているように感じることがあります。

飼い主にとって不都合だからといって犬に我慢させるのは、本来の服従の意味と違うと思うのです。家庭犬の場合は、服従などという単語ではなく「お願い」という言葉を使いたいと思います。（P51参照）

私の前職の上司で、大変尊敬している世界トップレベルの営業マン、また作家でもある和田裕美さんに取材させていただいたときのこと。「あのね、切ないんですよ。犬は家族だっていいながら、奴隷のように扱っている人がいるでしょ」という言葉が胸に刺さりました。

彼女の犬関係の知り合いのなかには、自分の愛犬に命令をして、まるで奴隷のように扱う人がいて、それを見て切なく感じることがあるということです。家族なのに、飼い主の思い通りにならないと叱ったり、いうことを聞かないと悪い子だとされる。それは正しいことなのでしょうか？

本や雑誌、インターネットでのしつけやトレーニングの情報には、犬だけに我慢をさせるものが多く、上下関係だの、バカにされてはいけないだの、とても現代の話とは思えないことが書いてあったりします。それを鵜呑みにしてしまい、関係を崩してしまった飼い主さんを、レッスンでたくさん見てきました。

そういう人たちの犬は、やりたいことができているだろうか、やりたくないことをさせられていないだろうか、心身ともに健康だろうか……。そう心配になってしまいます。

私がプロコースを修了した、日本メンタルヘルス協会の講座「マリッジカウンセリング」では、うまくいく結婚とは、お互いの関係が補い合う要素を持っていることだとしています。それは「うまくいく家族」といいかえることもできると思います。夫ができることと役割、妻ができることと役割、子どもたちができることと役割、愛犬ができることと役割、すべて補い合う関係です。それは上下や主従の関係ではありません。

どうしても犬たちを支配したいという人の考え方を理解するために、支配欲について調べてみました。支配とは、（相手を）自分の思い通りに動かせる状態に置くこと、行動を束縛すること、とあります。支配することで自分を肯定し、自分の存在価値を高めていくのだそうです。そういう人は、「自分は自分、他人は他人」という離別感を持つことができず、相手も自分と同じ気持ちでいてほしいという一体感を強く持っています。相手を受け入れることができない、つまり、犬という種の生来的な行動を受け入れることができず、自分の思い通りに、自分の都合のいいように行動してほしいと願う、相手に対する思いやりを持ち合わせない人ということになります。

相手を思い通りにしたい人は、その裏側に自信のなさ、人間的弱さがあるようです。だとすると、犬を飼う人には、自信があって、人間的強さを持ち合わせていてほしいと願うばかりです。そうしたら、犬たちの生来的な行動を理解し、それを受け入れられる飼い主さんになれるでしょう。そういう飼い主さんに迎えられる犬たちは、幸せです。犬らしくいられることを受け入れてもらえるからです。誰でも、ありのままを受け入れられることで、幸せになると私は信じています。

I love you, because you are you.

「私のために〜してくれたから」とか「私のいうことをよく聞いてくれるから」とか「私にとって都合がいいから」ではなく、あなたがあなただから、私はあなたを愛している。つねにそういえる飼い主でありたいものです。

飼い主がリーダーになる必要はあるか？

私は子どものころ、シェットランド・シープドッグのハッピーとロッキー、シベリアン・ハスキーのロッキーと暮らしたことがあります。大人になり、自分の責任で初めて迎えた犬がミニチュア・シュナウザーのロックです。母と妹がロックを気に入り、母は同じブリーダーからシュナウザーのミック、妹はメルを迎えました。妹は、メルが亡くなってからは保護犬のパルと暮らしています。

ミックは、ロックの弟分に迎えたコタローの同胎犬（一緒に生まれたきょうだい犬）です。それから私はアクセルとフーラを迎え、ロックが亡くなってからフーラが5頭の子犬を産み、約3か月間一緒に暮らしました。血統書名は、スピカ、ヴェガ、ダヴィ、レグルス、そしてアトラス。アトラスは今でも私と暮らしています。それから、元保護犬で全盲のエリオス、同じく元保護犬で片目を失明したクロノスを迎えました。実家や妹宅の犬たちも入れると12頭、3カ月暮らした子犬も入れると16頭の犬たちと密接に付き合ってきました。

本や雑誌、インターネットの情報を見ると、「犬とは主従関係を築かなければならない」、「いうことを聞かせるためには飼い主がリーダーにならなければならない」、「主従関係ができてないから、犬の問題行動が起きる」などと書いてありますが、本当にそうなのでしょうか？ それらの考え方は、「犬の先祖はオオカミで、オオカミの群れには主従関係があり、順位が存在していた」という説が基本になっているようです。でも、その説も正しくないということが自然なオオカミの群れの観察によってわかってきています。それなのにまだ、こうした考えが根強いのはなぜでしょうか。

私は、自分が今まで犬たちと暮らした日々を振り返ってみて、犬たちはオオカミの習性に忠実に生きている……とはまったく感じていないことに気づきました！ もはや、人と犬との関係は、独自のものになってきている、と感じるのです。

〝オオカミベース〟などではなく、犬たちはさらに進化した〝犬としての習性ベース〟で人との関係を作っているような気がします。そこにはシンプルな上下関係（アルファとベータなどの順位）よりも、もっと複雑で繊細な相互作用）が働いていると感じるのです。

今までは飼い主が犬のリーダーになることに関して、その必要はないと考えてきました。少なくとも、こちらがしてほしいことを犬たちにしてもらうためにリーダーになる必要はないからです。行動分析学などを参考にすると、どうすれば犬にしてほしいことをさせることができるか、その仕組みが理解できるはずです。

では、本当にリーダーになる必要はないのでしょうか？ 犬たちとの理想の関係を考えているうちに、今までとは違う、新しいリーダー像が思い浮かんできました。

きっかけは、毎月1回、神戸に通って学んでいた「イメージ力」講師の尾崎里美さんがおすすめしていた、ディーパック・チョプラ博士の動画を見たことでした。タイトルは「SOUL OF LEADERSHIP（魂のリーダーシップ）」。犬に対するリーダーシップに違和感を覚えていたので、これを見つけたときには人と犬との関係においてヒントになることが学べるのでは、と胸が高鳴りました。実際、世界をリードするメンターのひとりであるチョプラ博士の教えは非常に共感できるものでした。そこから私は、人との犬との関係において、人があるべきリーダーとしての姿を考えてみました。必要な資質は5つあります。

①尊敬 Respect

まず、人と犬という異なる種、動物同士として尊敬できるか。これはとても大事なことだと思います。母なる大地に存在する生命同士、その価値は平等である、とはアメリカインディアンの教えです。残念ながら、犬を飼っている人のなかには「服従させるのが正しい」と考えている人も少なくないようです。猫やほかの動物に比べると、その考え方が圧倒的に定着しているのは、情報発信にも責任があるようです。

私たちは犬たちに何かやらせて、犬が従ってくれたら「おりこう」といいます。しかし、この「おりこう」という言葉は、上から目線を感じさせるものがあります。ここはひとつ、「ありがとう」といってみてはどうでしょう。上下ではなく、犬という種を尊重した、横のつながりができあがるのではないでしょうか。これは人間関係にもいえることなので、気を付けたいものです。「おりこう」ではなく「ありがとう」といって喜んでくれる飼い主さんに対し、喜んで行動してくれる犬の姿を想像するのは、難しいことではありません。

②信頼 Faith

犬たちから信頼されるために何が必要か。それは「Accept（受け入れること）」です。犬たちが犬として行動をすることを受け入れてくれる存在、それこそが「犬にとっての新しいリーダー像」なのではないでしょうか。犬たちが犬として生きるための権限を与えることができるリーダーです。そこには、理不尽な我慢は必要ありません。人にとって都合がよい行動を強いられることもありません。

信頼関係を早い時期に築くことができたら、大きな問題行動は出ないと私は思っています。たとえばわが家では、犬の食事中に器に手を入れて、嫌がったり噛んだりしないようにするトレーニングは一切したことがありません。リラックスポジションと呼ばれる、自分の足の上に犬をひっくり返して押さえつける(あるいはリラックスさせる)こともしていません。甘噛みは歓迎で、痛すぎる場合にはかわそうと努力はしますが、とくにやめさせようとはしません。※犬と一緒に寝ているし、散歩に行くときは犬が先に出ることもありますし、歩いているときは少し前を歩いています。もちろん周囲に迷惑をかけない範囲で、です。犬たちの要求には応えることもありますし、応えられないこともあります。そんな関係ですが、口ひげを洗って拭くのはもちろん、ブラッシングや爪切りでも、(嫌がりますが)噛むほど抵抗したことは一度もありません。

私は、犬を迎えて最初の時期に信頼関係を構築することが大切だと思っています。信頼してくれているからこそ、少々嫌がることをしても我慢してくれるし、信頼してくれているから噛むほど抵抗しないのだと感じています。

③純粋 Pureness

犬たちは純粋です。人のように常識に振り回されることはなく、世間体を気にすることもなく、今、ここに生きることができます。しかし人は、文化や教育、経済、歴史、過去の記憶などから条件づけされてしまっています。それによって行動

※1歳まではハウスに入れて寝かせます。

が制限され、したいことができなくなってしまう。本当に正しいことが判断できなくなっているといってもいいでしょう。さらには間違った情報に翻弄され、動物たちの純粋な心とつながることができなくなっている人も少なくないようです。

私は、世界的メンター、アラン・コーエンのスピリチュアルライフコーチングのセミナーを受講し、試験を経て公認ライフコーチの資格を持っていますが、彼のセミナーを受けるときに、どうしても「スピリチュアル」というタイトルが気になっていました。いわゆる「スピリチュアルなこと」が苦手と思い込んでいたからです。でも、『いつだって犬が幸せな理由 みんなが忘れてしまった大切なこと(Are You As Happy As Your Dog?)』という本の著者であるアランにどうしても会いたくて、受講を決意したのでした。

しかしセミナー中、スピリチュアルに抵抗があったことがバレてしまいます。会場は「あなたはなぜここにいるのですか?」という雰囲気になりかけ、慌てて「私自身の『スピリチュアル』という言葉に対する理解が未熟なのだと思う」というような言い訳をしたのですが、そのときアランがこう語りかけてくれました

「あなたは犬たちと暮らしているのでしょう? They are all spiritual!(彼らはみんなスピリチュアルな存在ですよ!)」

その言葉を聞いたとき、私の心に光が差したような気がしました。何かわかりかけた、とでもいいましょうか。「スピリット=魂」は純粋です。犬たちはみな純粋そのもので、私は自分のなかにある純粋さをもっと意識して彼らと向き合うべきだと思いました。そしてアランは「これを読むといい。あなたのためになるはずです」と、私に一冊の本を貸してくれました。

それは『動物はすべてを知っている(Kinship with All Life)』(J・アレン・ブーン著/ソフトバンククリエイティブ)という本でした。「Kinship」は、辞書によると「親戚関係、血族関係、

（性質などの）類似、近似」という意味だそうです。この邦題はちょっとニュアンスが変わりますが、この本との出会いは、私にとって衝撃的でした。そこに描かれていたのは、『ストロングハート』というハリウッドのスター犬（ジャーマン・シェパード・ドッグ）と、ブーン氏のかかわりやつながり。まさに、理屈ではなくハートでつながることの神秘的な魅力が詰まった内容でした。いわゆる「リーダーシップ」の話は一切出てこないばかりか、もっと別のつながりがあること、それが大事だということが強調され、同時に人という動物の情けなさを感じさせられることになったのです。

④つながり Bond

①の「尊敬」と少し重なりますが、動物とのつながりについて深く考えさせられるようになったいきさつをご紹介します。アメリカ・サウスダコタで参加したアメリカンインディアンにまつわるワークショップで、「Mitakuye Oyasin（私につながるすべてのものよ、すべてのものは私につながっている）」というラコタ族の教えについて学びました。後にそれは、心理学でいうところの「集合無意識」のことなのではないかと思うようになりました。

日本メンタルヘルス協会の講座に、「未来心理学」という科目があります。そこで、ユングの深層心理学について学びました。私たちの思考や行動は、意識できる部分からくるのはほんの5％で、後は95％の無意識からくる、というものです。そしてその無意識は、個人の無意識同士つながっていて、人類同士、動物、植物、鉱物、最終的には宇宙の意識とつながっている、という壮大な話になります。ユングは、精神疾患者らが語るイメージに共通点が多いこと、また世界の神話や伝承とも一致する点が多いことに気づき、人類の無意識の根底には共通の認識（＝集合無意識）があると考えた著名な心理学者です。

「そういえばあの人はどうしているかな」と思ったら街で偶然その人に遭遇したり、電話がかかってきたりする。これは多くの人が経験したことがあるのではないでしょうから。ほしかったものが偶然手に入ったりすることもあり、それは「引き寄せ」と呼ばれたりします。そしてアメリカンインディアンの教えには、「必要なことが必要なときに起こる」というものがあるのも見逃せません。

そして、この集合無意識は、私とアニマルコミュニケーションをぐんと近づけてくれるものになりました。正直「動物たちと話す」というアニマルコミュニケーションは、それまで苦手で、うさんくさいと思っていたくらいです。そんなとき、ある雑誌の連載で、アニマルコミュニケーターのデビー・コワン・ハケットさんに取材をすることになりました。そのご縁で、デビーさんのセミナーを受講したのですが、「彼女は本物だ！」と実感させられる出来事がありました。彼女は、私の愛犬たちとコミュニケートして、デビーさんが知り得ない、私自身や犬たちに関することを言い当てたのです。今でも信じられないような気持ちですが、それから私自身、不思議な体験をすることになりました。

アクセルが14歳を迎える誕生日の前日に倒れ、慌てて動物病院を受診して点滴をしてもらったときのことです。その日はデビーさんのセミナーの日だったので予定通り受講していたのですが、病院にいるアクセルのことが気になってほかの動物とコミュニケーションがしにくい状態になっている私のために、デビーさんはセミナーを早く終了して「次回のセミナー時間を延長しましょう」と提案してくださいました。一緒に受講していた方々には迷惑をかけてしまいましたが、そのおかげで私は点滴が終わったアクセルを迎えに行くことができたのです。点滴を終えて出てきたアクセルの姿を見たとき、直感的に「この点滴は必要ない！」と感じました。それはまるで、アクセルが「点滴いらないよ、やめて！」と私に伝えてきたように思えました。

動物病院の先生は心配して、明日は朝早くからゆっくりと長めに点滴をしましょう、と提案してくれたのですが、私は「点滴はもうしない」という決断をしました。正直不安もありましたが、どうしても「やめて」というメッセージを受け取ったように思えて、覚悟を決めたのです。そしてアクセルは１週間後に復活し、走れるようにまで回復しました。もしあのとき点滴を続けていたら、どうなっていたでしょうか。※根拠はまったくないのですが、あのままだったらお別れすることになったような気がして仕方ないのです。

新しい「犬に対するリーダーシップ」では、愛犬とテレパシー的なものでコミュニケーションできるという資質が必要だと感じるようになりました。それは特別なものではなく、すべての人にある能力だそうです。もっとも「そんなことあるはずがない」、「できるはずがない」という条件づけをしていたら、コミュニケーションはできません。心のブロックを外す必要がありそうです。

⑤責任 Responsibility

愛犬に関するすべてのことにおいて、飼い主には責任があります。それを果たすのが、リーダーとしての大きな役目のひとつでしょう。５つの自由を保障する責任（P42〜参照）があります、なかでも「恐怖を感じる対象からは、我慢させるのではなく守ってやる」という2項目に関しては、残念ながら従来型の古い犬のしつけの考え方では保障されていないと感じます。ぜひとも新しいリーダーシップで保障してあげてほしいものです。

また「犬がいうことを聞かない」という表現も、新しいリーダーにはしてほしくありません。いうことを聞かない、という言葉には、「聞くべきなのに」というニュアンスがあり、聞いてもらえないことに対する責任はすべて相手（犬）にある、

※もちろん、点滴が絶対に必要なときもあります。判断は慎重にお願いします。

という印象を受けます。しかしそれは正しいのでしょうか？ 聞いてもらえないのなら、聞かせられない人のほうに責任があるのではないでしょうか？「うちの犬は教えたのにわかってない」という人もいますが、正しくは「自分が自分の犬に教えられていない」なのでは？

そして最後にいちばん大切なこと。何よりも、愛犬の体のことです。末長く健康でいることができ、少しでも長く生きられるように管理・努力する、それ以上に飼い主として、リーダーとして必要な責任があるでしょうか？ そのためには、学ぶことがたくさんありそうですね。体を作るのは食事です。とりあえずドッグフードをあげていれば十分、という時代は終わるかもしれません。人も犬も、食べるものが大切なのは誰もが納得できることかと思います。

今までのリーダー像（ただ力で押さえつける、相手をコントロールしようとする、服従させる、威厳を持たなくてはならない）が大嫌いで「リーダーになる必要はない！」と思っていましたが、新しいリーダー像を考えてみたら「リーダーもまんざらではない」と思えるようになりました。むしろ、そうでなければいけない！と思います。これからの時代、人と犬との付き合いにおける正しいリーダー像とは、以下のようなものではないでしょうか。

犬という種を尊重して
犬からの信頼を得ている
純粋な魂でつながることができ
すべての責任を負う覚悟がある

そんなふうに犬によりそえるリーダーです。犬と付き合うのにリーダーになる必要はあるか？ 古いリーダー像なら不要ですが、新しいリーダー像なら大いにあります！

古いリーダー像

新しいリーダー像！

モンダイ行動改善のカギ

「～しないで」ではなく「～して！」

いわゆる「飛びつき」や「ムダ吠え」など、愛犬の問題行動で悩んでいる飼い主さんは、ほぼ例外なく「～しないで」という〝否定語〟を使います。しかし、「～しないで」というお願いをする場合、犬が行動をしなくなる方法を使うことになります。犬にとってうれしいことが起きないとか、嫌なことが起きるという方法です。これは「罰」というもので、それは、犬にとってはあまり楽しくないどころか、罰を受けるとなっては不快きわまりないはず。

「～しないで」ではなく「～して」と、してほしくない行動をできない行動（逆の行動）をお願いするなら、してくれたときにほめることができて、犬にとってはうれしいこととなります。これがよくいう「ごほうび」というものです。

犬と付き合うときは「～しないで」という発想ではなく、「～して」と理想の行動をお願いする

ことを徹底すると、お互いとてもハッピーでよい関係を作ることができます。たとえば「飛びつかないでほしい」のなら、「オスワリしててね」とお願いすればいいのです。オスワリしてもらうことは、それほど難しいことではないのではないでしょうか。

しかし、飼い主さんが外から帰ってきたときやお客さんが来たときなど、「うれしい」、「怖い」という感情が強すぎる場合には、その環境によってオスワリすることが難しくなることもあります。そういうときの対処法は次の「リブラ強化」でお話しします。ここでは、してほしくない行動をしないで済む、別の行動を考えることに集中しましょう。

犬に「吠えないでほしい」という飼い主さんのリクエストはかなり多いものです。ドアホンが鳴ると吠えるという場合に、「吠えないで」ではなく、具体的にどうしてほしいか聞くと「ハウスに入って静かにしてほしい」と答える人がたくさんいます。しかし「静かにしている」のは行動ではないので、別の具体的な行動を挙げる必要があります。ハウスに入って静かにするためには、どんな行動をするようにお願いするとよいでしょう?

答えはひとつではありませんが、比較的お願いしやすいのが「ハウスに入っておもちゃで遊んでいて」ということかと思います。ただ、おもちゃが大好きな犬なら喜んで遊んでくれますが、そうでなければ吠えたい気持ちが勝ってしまうことも少なくありません。その場合はやはり、食べ物で誘導するのが有効です。「おやつを使ってハウスに入れましょう」とアドバイスするのですが、すぐに食べ終わってまた吠えてしまう、という現状があるようです。そこは知恵を使っていきましょう! 食べ物を詰めることができる知育玩具がありますので、それに詰めてすぐに食べ終わらないように工夫すればよいのです。

犬へのお願いは「ハウスに入っておもちゃに詰めたおやつを食べていて」。知育玩具がなくても、おやつをハンカチに包んでやったり、ペットボトルにおやつの粒を入れる方法も使えます。取り出すのが難しいとあきらめてしまう犬なら、包み方をやさしくしたり、ペットボトルに穴を数か所開けてやってもかまいません。

ドアホンが鳴って吠えたい気持ちは、おもちゃの中のおやつを食べたい気持ちに変わり、しばし集中して食べ終わったころにはドアホンが鳴ったことは忘れているし、配達の人もいなくなっています。つまり、改めて吠えるという行動は出ません。

このように、飼い主さんにとって都合が悪い行動を都合が良い行動に変えてもらいたいなら、その行動をしなくて済む(あるいはできない)行動をお願いすればいいのです。しかし理屈はわかっても、なかなかお願いしたい行動をしてくれない、というお悩みも少なくありません。それはなぜでしょう。

「リブラ強化」による改善法

「リブラ強化」とは、私の造語です。リブラは「てんびん座」から取りました。この「てんびん」の発想が大切になります。

「〜しないで」ではなく、飼い主さんにとって都合が悪い行動をしなくて済む（できない）、飼い主さんにとって理想の行動を犬たちに「〜して」とお願いするときに、なかなかやってもらえないという悩みは多いようです。何がいけないのでしょう？　それは、犬のやる気をうまく引き出すことができていない可能性があります。

おやつを使ったトレーニングで、多くの飼い主さんが〝大したことのない〟おやつで犬をコントロールしようとして失敗しているのを見て、原因がわかりました。犬たちがしたい行動、たとえば「ドアホンが鳴ったときに吠える」のではなく、「ハウスに入っておもちゃに詰めたおやつを食べる」という行動をしてもらう場合、彼らは「吠える」行動と「ハウスに入って食べる」という行動をてんびんにかけることになります。

ハウスに入って食べてもらうには、犬がその行動を「吠える行動よりしたくなる」必要があります。犬がドアホンに吠えるのは、ある意味自然なことですが、警戒して吠えたい気持ちを食べたい気持ちが上回ればよいのです。吠えたい気持ちと食べたい気持ちをてんびんにかけて、食べたい気持ちが勝てば、犬はハウスに入って食べてくれます。それを決めるのは犬なのです。

では何をてんびんにかけてもらうか？　いつも食べているドッグフードでハウスに入ってくれるなら、それでかまいません。でも、ドアホンが鳴って誰かが玄関に現れるのですから、犬にしてみれば警戒したい、気になる、吠えたいわけです。その気持ちが強ければ強いほど、毎日時間になればもらえるいつものドッグフードでは、てんびんにかけても勝てないかもしれません。そういうとき

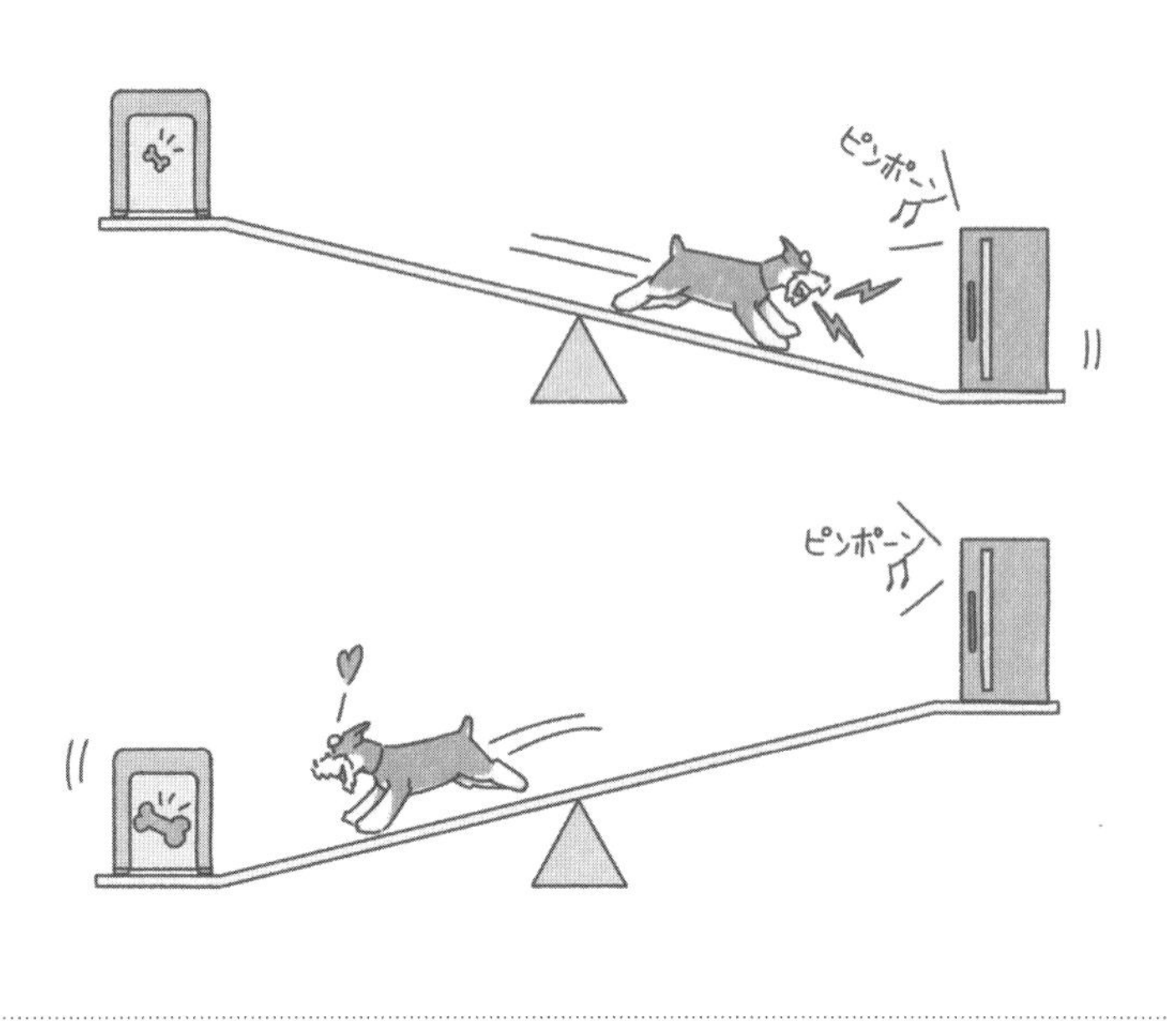

すればいいのです。

はふだん食べられない、とっておきのものを用意

　犬にとって、食べ物にはランクがあるもの。多くの飼い主さんは「うちの子は何でも食べます」といいますが、「犬がしたい行動を変えてこちらのしてほしいことをしてくれるくらいもの」である必要があるのです。実際に飼い主さんにごほうびを用意してもらうと、市販のボーロやビスケット、ジャーキーなどが多くなります。それらをドアホンが鳴ったときに食べてくれるかというと、食べてくれないことのほうが多いのです。つまり「ドアホンが鳴る」という環境では、それらの食べものは吠えたい気持に勝てない。勝てないのなら、行動を変えてもらうことは無理です。

　ある刺激や環境に対して、犬が食べてくれるか・食べてくれないかはとても重要なのですが、その重要性を甘く見ている飼い主さんもいるようです。そこでレッスンのときは、犬の食べたいスイッチを入れられる可能性が高いもの（ゆでたささみ、焼いた豚肉、牛肉、チーズ、レバーケーキなど）を持って行くようにしています。食べたいスイッチが入らないと、行動を変えることができないからです。犬たちは何でも食べますが、それは刺激がないとき、ほかに興味がないときだからであって、飼い主さんが望む行動をしてもらうには、それなりの魅力があるもの（犬たちが食べたい気持ちになるもの）を知っていることがカギになります。

先日のレッスンで、愛犬がいろんなことに吠えて困るというケースがありました。吠える対象は、以下の通りです。

○ワイプで床をふく
○引き出しを開ける
○巻き尺で何かのサイズを測る
○掃除機をかける

これだけでなく、ほかにもたくさんの項目が書かれていました。愛犬は少々怖がりで、新しいものや刺激に対する耐性が弱いことがわかりました。かなり過敏に反応するので改善は難しそうに思えましたが、幸い食欲は旺盛。そういうケースは改善がしやすいものです。

まずは「△△しないで」と考えないで、「△△ができないように別の行動をしてくれるようお願いする」ことが重要です。「○○して」と、飼い主さんにとって都合が良い行動をお願いするのです。

今回のケースでは、「リビングルームのセンターラグの上でおやつを食べてね」とお願いすることにしました。吠える対象がたくさんありましたが、すべて同じルールでクリアすることができました。ただ、センターラグの上におやつを置くだけではすぐに食べ終わってまた吠えてしまうので、時間を稼ぐためにおもちゃにおやつを詰めてみることに。ところがおもちゃに飽きてしまったのか、反応がイマイチでした。新しいものなら気を引けるかもと思い、おやつをハンカチに包んでみたところ、それは気に入ってくれました。

何かの刺激に反応して吠える行動に関しては、刺激の弱いほうから始めるのがポイントです。飼い主さんに確認して、いちばん弱そうな「ワイプでほこりを取る」ことから試してみました。てんびんの片方にワイプでほこりを取ることを乗せ、もう一方にはドッグフードを乗せました。結果はドッグフードの勝ち！ 犬は、最初はひと声吠えて多少気にしたものの、飼い主さんがワイプで本棚や床を拭いているあいだ、夢中でセンターラグの真ん中に置かれたハンカチをかじっていました。引き出しを開けても大丈夫でした。

しかし掃除機に対しては、ドッグフードでは見向きもせず。そこでおやつのランクをアップしたササミソーセージをてんびんに乗せることに。ハンカチに包んでセンターラグに置いたところ、何とか勝つことができ、吠えずにハンカチをかじってくれました。掃除機に吠える犬は多いのですが、大きな音がする上に部屋の中を縦横無尽に動き回るのですから、吠えたくなる気持ちも理解できます。大体は嫌がって挑みかかっているように見えるので、ハウスに入れてやるのもおすすめです。その場合、犬がハウスは安心できる場所だと認識している必要があります。

私はこの犬にとって掃除機が最強の敵だと思っていたので、これで終わろうと思っていたら、ご主人がどうしても巻き尺を試したいというのでやってみました。すると何と、かなりランクが高いであろうササミソーセージが勝てなかったのです。掃除機のほうがサイズも音も大きいのに、なぜ巻き尺？と疑問に思いますが、それは犬が決めること。巻き尺のどこが嫌なの？といっても、何の解決にもなりません。嫌なものは嫌なのです。とにかくここはシンプルに、「掃除機よりも巻き尺が嫌だ」という事実を理解し、受け入れればいいのです。巻き尺に対して何をてんびんに乗せるか飼い主さんに相談したところ、チーズが大好きということでチーズをハンカチに包んでみたら、無事巻き尺に勝つことができました。飼い主さんは、愛犬が好きなものを正しく把握していたのです。

掃除機は毎日使うものですが、家の中で巻き尺を使うことはそれほどないだろう、ということでチーズの出番もそこまではなさそうです。

行動を改善するには、ある刺激によって犬がしてしまう行動をせずに、こちらがしてほしい行動をしたくなるほどの魅力を持つごほうびを使う必要があります。食べ物が使いやすいので食べ物で改善することが多いですが、犬によってはおもちゃや飼い主さんがほめることでも刺激に勝てる場合があります。この「刺激」と「魅力」の関係は、ゲームにたとえると敵キャラと武器の関係と同じです。それほど強くない敵キャラに勝つためにすごい武器を持つ必要はありませんが、ボスキャラなど強い敵を倒すには、それなりの武器でないといけません。

犬がしたい行動を、こちらにとって都合がいい行動に変えてもらうためには、したい行動をしないで、こちらがしてほしい行動をやる気にさせることが大切なのです。そのやる気スイッチを入れるには、やる気になるモチベーション（たとえば食べ物など）を飼い主さんが知っていて、それを用意できることが重要なカギになります。

犬種による性質の違いとは?

犬種について、今まで出会ってきた経験からその特性や魅力について書いてみたいと思います。ただ、いろいろな犬に出会うほど、世間でいわれているような「〇〇犬は■■だよね」というイメージ通りではないと痛感させられることになります。たとえば、「トイ・プードルは繊細な犬が多い」といわれることがありますが、そうは思わない子もたくさんいます。

2000頭を超える犬たちとふれ合うと、〝犬種の特性〟はどんどん薄まって、図鑑に書かれている特徴からはかけ離れた個体に出会うこともあるのです。なので、ここに書くことは「この犬種はこう!」ではなく、「そういう犬に会ったことがあるんだな」くらいに考えていただければと思います。

なお、「グループ」はFCI(国際畜犬連盟)の分類に従っています。

シェットランド・シープドッグ

●第1グループ／牧羊犬および牧畜犬

私の子どものころに飼っていた犬は、シェットランド・シープドッグ（シェルティー）のハッピーでした。世話をしていたのは主に母なので覚えていないことも多いのですが、とても賢かったという印象があります。とくにしつけをしていたようには思えないのですが、それでも噛みついたりすることはなく、同居のうさぎやハムスターとも穏やかに過ごせるやさしい犬でした。しかし、吠えることに関しては別！ 吠えすぎてかえって番犬にならないくらい（笑）、誰が通ってもよく吠えていました。今思うと、警戒というよりは楽しんでいたように思います。番犬は、怪しいときだけ吠えるのでないと誰も注目しなくなるので、しょっちゅう吠える犬は番犬にはならないのです。

さらに困ったことに、実家の庭の前の道は中学校のマラソンコースになっていて、体育の時間にはひとクラス分の中学生がわが家の前を走ります。彼らが通り過ぎるまでずーっと吠えていて、大変なことになったのを覚えています。その日からわが家が「あの、ラッシーみたいな犬が吠えている家」として中学校で有名になったのは、いうまでもありません。

ハッピーは、私がほしくて飼ったということもあり、それなりにかわいがっていました。しかし大学生になって家を出てからは、あまり接することはなくなってしまいました。ひとり暮らしをしながら大学に通っていたところ、母から「ハッピーの具合が悪い」と連絡がありました。何となく気にしながら学校に行ったある日、急に休講になった授業がありました。虫の知らせというのでしょうか、私はすぐに思い立ち、そのまま実家に帰りました。ハッピーは庭にある犬小屋の下に潜

り込んでいて、手を伸ばしてなでてやるとかすかにしっぽを振り、うれしそうにしてくれました。こちらへ引き寄せようとしたら、よほど具合が悪かったのでしょう、ハッピーの犬生で初めてうなったのでやめました。それから何度か様子を見に帰っていたのですが、異変に気づき、小屋をどかしてハッピーを抱き上げたときにはもう亡くなっていました。体はまだ温かかったのを覚えています。家族には「ハッピーはあなたを待っていた」といわれ、悲しくて仕方なかったことを覚えています。

第1グループ（牧羊犬および牧畜犬）に属するシェルティーは、人とのコンタクトが上手でフットワークがよく、つねに動いていたい犬です。もともと〝作業中毒〟の傾向があるそうで、ヒマになるのがつらくて自ら作業を見つけ出して熱中することも。それが人にとっては不都合な「いたずら」になることがあるのです。ぼんやりと生きるのが苦手で、つねにアンテナを張って周囲に注意をめぐらしていることが多く、それゆえリラックスしづらく、気配に敏感に反応してしまうこともあるとのことです。

マラソンコースを走る生徒全員に吠えたのは、動くものを追う習性が強いからでしょう。ドアホンや物音、外を通る人、自転車、車、ジョギングをしている人に反応しやすいのも、このグループの特徴かと思います。ボーダー・コリーや、ウェルシュ・コーギー・ペンブローク、オーストラリアン・シェパードなどにこうした行動が多いのも、ある意味自然なことでしょう。

ディスクやダンス、アジリティーなど、犬とアクティブにかかわりたい人と相性がよいと思われます。

ミニチュア・シュナウザー

●第2グループ／使役犬

亡くなった犬も入れると家族として今までに7頭、実家と妹宅の犬も入れると計10頭のシュナウザーと付き合ってきました。レッスンでは223頭、K9ゲームも入れるとさらに10数頭はプラスになるくらいの数のシュナウザーに出会いました。自他ともに認める「ミニチュアシュナウザーバカ」（笑）ですので、それを知ってレッスンを申し込んでくださった方も少なくありません。

犬種図鑑によると、ミニチュア・シュナウザーは第2グループ（使役犬）に属するようで、警戒心が強い、守ろうとする行動が強く勇敢に戦える、防衛心・忠誠心が強い、とあります。難しい気質ともいわれていて、家庭で飼う場合には社会化やしつけが必須で、ドアホンや来客に吠えやす

く、警戒して噛みつく行動も出やすいということです。シュナウザーのほかに、ミニチュア・ピンシャー、ドーベルマン・ピンシャー、ロットワイラー、バーニーズ・マウンテンドッグなどがこのグループに分類されます。

たしかに警戒心は強いようで、ドアホンに吠えるシュナは多いと思います。わが家の場合も全員吠えますが、よく観察するとすぐにやめるのと、しつこく吠えるのがいます。いちばん吠えるのは唯一のメスであるフーラです。彼女は、出産してから警戒して吠える行動が増えました。それまではアクセルが特攻隊長のように吠えていましたが、アクセルが来る前に飼っていたロックとコタローの2頭を比べると、ロックが吠え役でした。コタローは、14歳手前で亡くなるまであまり吠えることはありませんでした。ボーッとして穏やかでやさしい犬だったので、警戒係には向かなかったんだろうと思います。

エリオスは目が見えないからか、ドアホンや来客で吠えることも多いですが、怖がっているというよりはお祭り騒ぎのような感じもします。全員来客に吠えて飛びついたかと思えば、わりとすぐになついて、なでてもらったり、抱っこされたりしています。

私は、わが家の犬たちに噛まれたことは今のところありませんが、レッスンではシュナウザーに噛まれたことがあります。好きな犬種だけにショックですが、もともと極度の怖がりだったり社会化が不足していたり、強い体罰による「しつけ」という名の虐待を受けたことによる恐怖が原因だったと思います。犬種としては、よく噛みつくという印象はなく、まあ、犬なので「嫌なことをしたら噛むでしょうね」という程度です。

知らない人に対して誰にでも愛想がよい、という感じはありません。もちろん、そういうシュナウザーもいるのでしょうが、私の経験上では「無邪気に明るく誰にでもなつこいシュナウザー」を思い出せません。飼い主には忠実で、飼い主大好

き、甘えん坊も多いです。情が深く、とても人間ぽいところを感じさせる子も多く、凛としたところもあります。

シュナウザーとの付き合い方ですが、彼らはどちらかというと真面目で素直なので、敬意を払ってよく観察し、言い分を理解するような付き合いが必要だと感じます。マニュアルでは分析しきれない奥深い感性を持っていて、当たり前のリーダー論なんて吹き飛ばしてくれる犬種です。力ずくで押さえ込むのでは、彼らからリスペクトしてもらえません。どちらが上とか下とか、そんな簡単なものさしでは測れないのが、ミニチュア・シュナウザーとの付き合いなのです。時にはこちらが下になるフリでもして、相手を気持ちよくさせてやることも必要でしょう（笑）。

もっともそんなことはお見通しで、いざというときにはこちらの気持ちをちゃんと汲んでくれる、そんな余裕があるシュナも少なくなさそうですが。

ジャック・ラッセル・テリア

●第3グループ／テリア

飼い主と犬が9つの種目を楽しみながら競うK9ゲーム。私はこのゲームが日本に上陸した当時から参加しています。ジャック・ラッセル・テリアもたくさん参加しており、あるチームで、チームメイトのチワワを思わず狩りそうになった（!?）という笑えない話も！　この犬種はとにかくパワフルで、テリアのなかでもまさにテリアらしいテリア、という印象です。優れたハンターでもあり、よちよち歩くチワワなど小さな犬種が獲物に見えてしまうこともあるようです。ゲームが開催される施設のプールで、あるジャックの飼い主さんが25mを何往復もさせていました。大げさな水しぶきを上げ、溺れていると勘違いされるほどの情けない泳ぎだったアクセルに対して、その子の泳ぎはとてもスマート。四肢は水面下で静かに動かされ、水しぶきはほとんど立っていませんでした。「疲れさせないと、部屋で手に負えないの

で（苦笑）」という飼い主さんの言葉が印象に残っています。

テリア（第3）グループには、ワイアー・フォックス・テリア、ヨークシャー・テリア、ケアーン・テリア、エアデール・テリアなどが属します。イタチなどの小さな害獣と命がけで向き合える気質があり、強い闘争心、自立心を持っているといわれます。獲物をとことん追いかけなければならないという意味では「あきらめが悪い」のが望ましい気質なのでしょうが、それが人との共生に不都合になることもありそうです。獲物と対峙したときは命がかかっているので、飼い主の指示を待つことなく自分で判断できなければなりません。そのため、日常生活では指示に従いにくいと感じられることも多いようです。

テリアのよきパートナーになるには、そうした気質をよしとして大きな心で受け入れられることが必要なのではないでしょうか。

ミニチュア・ダックスフンド
●第4グループ／ダックスフンド

これまでにレッスンした犬種でトイ・プードルに続いて2番目に多いのが、ミニチュア・ダックスフンドです。小さくて足が短い姿はとても愛らしいのですが、アナグマやアナウサギの狩りに使われる犬種で、獲物と対峙したときひるまずに吠え続けられる勇気と強い気質を持っています。穴の中からでも吠える声が外に聞こえなくてはならないため、体の大きさに比べて声が大きいのも特徴です。都会で人と一緒に暮らすには、それが不都合なことも多いようです。

性格は、大らかで明るい犬から神経質で臆病な犬まで、幅広く出会ってきました。適度な頑固さもありますが、学習能力は高いので、してほしい行動をていねいに教えればやってくれるようになります。作業意欲も低くはないので、ヒマになると、私たちが「いたずら」と呼びたくなる作業をしやすいかもしれません。

柴犬

●第5グループ／プリミティブ・ドッグ

柴犬は日本でも海外でも変わらぬ人気を誇る犬種です。ただ柴犬をはじめとする秋田犬、甲斐犬、北海道犬などいわゆる日本犬は、洋犬とはちょっと違うと考えたほうがよさそうです。きちんと勉強したドッグトレーナーならば、面識のない日本犬に気安く手を出したり、さわったりしないでしょう。誰にでもしっぽを振るというフレンドリーなイメージは少なく、かなり親しくても、数回しっぽを振ってくれたかと思ったらプイとどこかへ行ってしまう。そんなイメージが強い犬たちです。

主人には忠実なのでしょうが、私が知っている柴犬は、飼い主と同等の立場で、自分の主張を受け入れてもらえるか交渉しているように見えます。飼い主とは上下関係というよりは信頼関係で結ばれていて、それが裏切られたときの彼らのショックはかなり大きいのではないかと想像されます。それほど、飼い主を信頼する犬たちでもあるのです。ですから一度学習したことは固定しがちで、飼い主が失敗するとダメージが大きく影響してしまうと感じています。

トレーニングに関しても、意味のないオスワリやフセの繰り返しを嫌う傾向があるので、意味のある交渉をしないとすぐに飽きられて興味を失われてしまうようです。状況には敏感で、今何をやるべきか、自ら判断する能力が高いと思います。運動欲求も強く、家の中でのんびり暮らすには不向きで、犬らしい犬と考えることができそうです。

ところでこのグループにはポメラニアンも入っており、そのかわいらしい容姿からすると違和感を覚える人もいるかもしれません。しかしたしかに見た目のイメージより付き合い方が難しい犬も多く、原種に対するリスペクトが必要でしょう。

散歩などですれ違う場合、日本犬が苦手な犬は多いようです。「うちの子は柴犬が苦手です」「柴犬を見ると吠えてしまいます」という飼い主さんは少なくありません。柴犬の飼い主さんはというと「うちの犬は（散歩中）出会った犬に吠えられてしまいます」と。彼らと接することこそ、犬という種を尊重し、その正しい付き合い方を学べる機会なのかもしれません。

また、日本犬には狩りを教える必要はないという話を聞いたことがあります。教えなくても、そのときが来たら何かがそのスイッチを入れ、できるようになるそうです。人間はただ、彼らの邪魔をしないようにしなければならないそうです。

ビーグル
●第6グループ／嗅覚ハウンド

ビーグルの飼い主さんから、「うちの犬は、散歩中ずっと掃除機のようににおいを嗅いでいて困ります」という相談を受けることがあります。私の返事は「当たり前なんですよ」です（笑）。ビーグルは獲物のにおいを追う、つまり嗅ぐことに長けていて、それを最高に楽しめる犬種なのです。外でにおいを嗅いで何かを見つけ、拾い食いされたら危ないので飼い主さんの気持ちもわかるのですが、それはビーグルの優れた特性でもあるのです。

ハワイに行ったとき、空港のロビーにビーグルを連れた警備員がいて、私の目の前にいたご婦人のリュックに前足をかけました。何も知らない私は「かわいいな」と思ってしまったのですが、警

備員はご婦人に、リュックの中に食べものが入っていないか尋ねたのです。リュックには、機内で食べたみかんの皮が入っていたそうで、彼らはまさに仕事中だったのです。成田や羽田など、日本の空港でも検疫探知犬として活躍しています。嗅覚に優れていて手ごろなサイズであることから使われているそうですが、シロアリのにおいを嗅ぎつけて駆除が必要かどうかを判断する仕事もしているそうです。もちろん猟犬としても優秀で、主にウサギ狩りに使われていました。

　飼い主さんからのお悩み相談としては、「よく吠える」という問題行動も多いように感じます。声も大きくてかなり通るので、都会で一緒に暮らす場合には覚えてもらわないといけないルールも多そうです。

　ほかには、ダルメシアン、バセット・ハウンド、プチ・バセット・グリフォン・バンデーンなど、主に嗅覚の優れた犬たちがいるのが第6グループです。

ジャーマン・ショートヘアード・ポインター

●第7グループ／ポインター、セター

このグループにはほかに、イングリッシュ・セター、アイリッシュ・セター、ワイマラナーなどがいます。私は日本ではそれらの犬に接したことは少なく、シドニーでの研修で出会った経験がある程度なので、あまり詳しくありません。

シドニーで保護犬を収容する施設に行ったとき、純血種ではジャック・ラッセル・テリアやワイマラナーが多かった印象があります。そのときお世話になっていた、ドッグテックインターナショナルのスタッフは、「付き合うのが難しいところがあるからだ」といっていました。同じグループのダルメシアンやジャーマン・ショートヘアード・ポインターは、体格のわりには引く力がもの

すごく強いという印象があります。シドニーで私の指導を担当してくれたドッグテックのスタッフに、「ノリコ、ちょっとこの犬のリードを持ってみて」といわれて持ったのですが、あまりの引きの強さに危うく転倒するところでした。スタッフは私に、その引きの強さを経験させたかったようで、しっかりとそばでサポートしてくれていたので転ばずに済みましたが。「体が大きい（体重が重い）から引きが強い」ということではないと体感できて、貴重な学びになりました。

気質は、狩猟犬らしく人とのコミュニケーションが上手で、従順で辛抱強いところがあるそうです。ただ、つねに作業をしていたい犬種なので、ゆったり付き合うことは難しく、何か作業（あるいは作業に代わる運動量消費）をしてやらないとストレスがたまってしまいそうです。そうした時間を取れる余裕がある人が飼い主でないと、彼らにとってはかわいそうなことになるかもしれません。

ラブラドール・レトリーバー ゴールデン・レトリーバー

●第8グループ／レトリーバー、スパニエル、ウォータードッグ

大型犬で、日本での人気を誇るのはラブラドール・レトリーバーとゴールデン・レトリーバーといっても過言ではないでしょう。人とのコミュニケーションが大好きで、従順で辛抱強いところがある犬種です。家庭犬に向いているといわれますが、闘争心が強い個体もいます。しかし多くは、明るく陽気で人なつこいというイメージです。そのため、人と接するのがうれしすぎて自分の力を制御できず、前足で引っかいたり押し倒したりしてケガをさせてしまって、迷惑をかけてしまうこともあるので注意が必要そうです。

そのためかレッスンの依頼も少なからずあり、

飼い主さんが挙げる問題行動としては「明るすぎて制御できない」タイプが多いという印象です。もちろん、臆病で吠える・噛みつくというケースもあり、強いあごで噛まれて腱が切れ、手術をすることになった飼い主さんもいました。

訓練性能は非常に高いと感じています。とくにラブラドールは、盲導犬や介助犬に使われる代表的な犬種として人間を助けてくれています。ほかにもいわゆる「優秀」とされる犬種はありますが、なかでもレトリーバーは明るくて素直、社交性が高い犬たちではないでしょうか。あまり難しく考えすぎず、人が好きで協力的ですから、家庭犬としての人気が高いのもうなずけます。

「穏やか」といわれることがあるようですが、それはあまり当てはまらないように思います。感情表現は豊かで、その笑顔を容易に思い出すことができます。

ボストン・テリア／トイ・プードル
●第9グループ／愛玩犬

以前、知人が飼っていたボストン・テリアをしばらく預かっていたことがあり、シュナウザーの次に身近な犬種です。「テリア」という名前ながら第3グループ（テリア）ではなく、第9グループ（愛玩犬）に属すのがちょっと驚きです。

ボストン・テリアは、とにかくよく跳ぶ！という印象です。シュナと比べるとその脚力の差は歴然としていて、助走なしでよくその高さまで跳べるものだと感心しました。喜怒哀楽の表現も大きいように思います。うれしいときは全身で喜びを表し、しょげたときはまるで世界の終わりのように落ち込む姿を見せてくれました。

毛色がタキシードにみえるからか、「タキシードを着たコメディアン」というニックネームもあるようで、無邪気な様子には心がなごみ、とぼけたお笑い芸人さんのような面もありました。興奮しやすくてコントロールが難しくなるところが問題行動になりがちですが、これはテリア種の大きな特徴でもあるかと思います。獲物と戦う勇気を出すには、テンションを上げることも必要でしょう！

一度、オビディエンスのトレーニング（人の横について一緒に歩くなど）に挑戦したことがありましたが、やるときとやらないときの差が激しかったことを覚えています。やることはわかっているものの気分が乗らないことも多く、あまりにも嫌だと吐くこともありました。やるときはビシッとやるので、そのギャップが何ともいえない感じでした。結局は、あまり楽しそうではなかったので続きませんでした。

このグループで日本で最もポピュラーな犬とい

えば、トイ・プードルでしょう。私がこれまでの15年、2000頭以上の犬たちのレッスンをしてきて、いちばん多かった犬種もまたトイ・プードルです。飼育頭数が最も多いためだと思うのですが、問題行動で困っている飼い主さんも少なくないということでしょう。

とても賢いといわれるトイ・プードルですが、賢い＝飼いやすい、というのは間違いです。賢いからこそ、こちらにとって都合が悪いこともすぐに学習してしまいます。繊細な性質が恐怖につながり、怖いから吠える・噛みつくという犬も少なくありません。繊細なだけに、ストレスに弱いと感じることもあります。

もちろん、そうではない（穏やかで元気な）トイ・プードルにもたくさん出会ってきました。激しく人見知りする犬もいれば、誰にでも愛想をふりまく犬もいます。性質の幅がこれだけ広いのも、トイ・プードルならではなのだろうかと思うくらいです。かわいい外見ながら噛みつきの問題も多く、ノエルのように「しつけ」という名の虐待を受け、その恐怖から噛みついて手を血だらけにされるなんていうことも少なくないのです（P12～参照）。

このグループにはほかに、チワワ、マルチーズ、パピヨン、フレンチ・ブルドッグ、パグ、ペキニーズなどがいますが、愛玩犬だからすべて飼いやすいということではありません。とくにトイ・プードルは、「人気があって売れる犬種」ということで、劣悪な環境の繁殖場で生まれた子犬が※ペットショップで販売されるケースもあります。こういう親が確認できないような乱繁殖に近い状況では、遺伝的に体が弱かったり臆病だったり、生まれつき気質に問題があったりして飼いづらいこともあります。こうなると、比較的上級の飼い主さん向けの犬種といっても過言ではないかもしれません。

同じ愛玩犬でも、シー・ズーやキャバリア・キング・チャールズ・スパニエルなどは、「飼いやすい」といえるかもしれません。飼育頭数が多いわりに、なぜかレッスンの依頼数は少ないのです。あったとしても、ほとんどが子犬か、そもそも大した問題ではなかったと記憶しており、激しく吠える・噛みつくといったケースを思い出せません。「少しうなったけど、『犬のモンダイ行動の処方箋』にあった「ベーシックプログラム」をやったら、1週間もしないで直りました～！」というキャバリアはいましたが。

愛玩犬では、チワワも人気のある犬種です。彼らの気質を「頑固」と表現する飼い主さんは多く、たしかに小さな体にはっきりとした主張を感じることがあります。社会化の不足や付き合い方の問題もあるかと思いますが、臆病で噛みつく犬も多いかもしれません。一方、とても人なつこく穏やかな犬もいます。小さくて愛らしい姿はぬいぐるみのようですが、じつは訓練性能が高い個体も多いようです。その容姿に惑わされず、犬として尊

※すべてのペットショップということではありません。

重し、しっかりと付き合ったほうがいい場合もあります。

パグもこのグループに入りますが、こちらも人気があるわりにレッスン数は少なく、明るくて元気という印象が強いです。ただ、明るすぎて空気が読めなかったり、うっとうしがられているのに気にしない、ポジティブ（？）な犬も多いように思います。その愛嬌のある顔を見ていると思わず笑ってしまいますが、特殊な呼吸音がほかの犬種に不快に思われることも多く、本犬はまったく悪気はないのに吠えられたりしてしまうこともあるようです。あまりトレーニングが入るというイメージがありませんが、私が開催している「K9ゲームLove Cup」に出場してくれているパグは、とてもよくやってくれています。

アイリッシュ・ウルフハウンド
●第10グループ／視覚ハウンド

日本でのレッスンでは数頭しか会ったことがありませんが、シドニーではわりとよく見かけた超大型犬です。全犬種中でナンバーワンの体高を誇り、その大きさに少々ひるみそうになりますが、性格は意外にもとぼけているようです。シドニーでの研修中、アイリッシュ・ウルフハウンドのレッスンで、飼い主さんが彼らに関するジョークを教えてくれました。

ある日、アイリッシュ・ウルフハウンドが道を歩いていたら、トラバサミ（狩猟に使うわな）に足を1本挟まれてしまいました。何とか逃げようと必死でもがきましたが抜けられず、意を決して自分で足を噛みちぎることに。ところが、噛みち

ぎったはずなのに逃げられない。どうやら間違えた足を食いちぎってしまったようで、もう1本噛みちぎってみますが、まだ逃げられない。またまた違う足を食いちぎってしまったのです。そんなこんなで3本食いちぎってもまだ逃げられなかった⁉

少々ブラックですが、彼らのおとぼけぶりを表現しているようで、強く印象に残っています。ドッグテック・インターナショナルのスタッフと一緒に、アイリッシュ・ウルフハウンド（オスとメスの2頭）を飼っているお宅にレッスンで伺ったことがありました。そこでも、いかに彼らがお茶目なのか知ることになったのです。

ある日、2頭が自宅のプールサイドで遊んでいたときのこと。「落ちなきゃいいな」と思って見守っていた飼い主さんの前で、オスのファーガスが水の中に落ちてしまったそうです。飼い主さんは、助ける前に大笑い。まさか、犬がそんなに〝抜けている〟とは思っていなかったそうです。その凜々しい姿とのギャップがあって、なんだか気になる犬種になりました。

このグループには、イタリアン・グレーハウンド、ウィペット、グレーハウンド、ボルゾイ、アフガン・ハウンド、サルーキ、スルーギなどがいます。スルーギは、日本であまり見かけないとても珍しい犬種ですが、レッスンで1頭だけ出会うことができました。その子はすーさんという名前で、子犬のころから意志がとても強く、こうだと思ったら絶対に屈しない面があったという印象があります。明るく陽気にふるまうというよりは、思慮深く自分の世界を持っている、という感じです。

COLUMN

「ハッピーなターン」でルンルン回避♪

私が昔勤務していた家庭犬訓練所では、「交叉訓練」というものがありました。犬を自分の横につけて（並んで）歩き、同じように犬を横につけて歩いている人とすれ違う訓練です。訓練所内でやるのは比較的簡単でしたが、外で一般の飼い主さんの犬とすれ違うときは多少緊張しました。相手が訓練されている犬とは限らない（こちらの犬に興味を示したり、吠えたりしてくる場合が多い）ので、そんなときに自分が連れている犬が反応しないように、気を引き締めて歩くのです。もちろんそれはちっとも楽しくなかったですし、犬も私も笑顔になるわけがありません。

多くの人から、「訓練所の犬たちは表情がない」といわれていましたが、勤務していたころはそれがステータスだとさえ思っていたのです。しかし訓練所が閉鎖され、それぞれ里親の元へ引き取られていった犬たちが、どんどん犬らしくなり顔色がよくなり、表情が豊かになっていく姿を目の当たりにして、犬たちにとっては訓練所のような環境は異常だったのだと実感させられました。

散歩中にほかの犬に出会ったとき、反応するのは普通のことです。多少吠えたとしても、大きな迷惑をかけない限り、大らかに受け入れる心の広い社会にならないものかと、願うばかりです。

私のセミナーを受講してくださった方のなかに、岳という名前の甲斐犬（♂）の飼い主さんがいました。とにかくほかの犬を見ると吠えかかってしまう、ということが悩みでした。そこで私が「吠えてしまうならUターンで回避しては？」と提案したところ、飼い主さんはちょっとびっくりしていました。「ほかの犬と上手にすれ違わなくてはならない」と思っていたようなのです。しかし私には、吠えてしまうならなぜターン&回避してはいけないのかわかりません。

もちろん私はドッグトレーナーでもあるので、飼い主さんに「吠えずに歩く方法を教えてくれるはず」と思われても不思議ではありません。しかし私はその飼い主さんに、「おやつで気を引きながらすれ違う、という方法があります。でもそれって面倒臭くないですか？なら、ターンしてしまっては？」と提案したのです。私はそのターンを「ハッピー・ターン」と名づけました（笑）。

自分の犬がほかの犬を見つけたら「ハッピー・ターン！」と明るく楽しそうに声をかけて、ターンして反対方向（相手から離れる方向）へ走ります。少し走ったらオスワリしてもらい、おやつを与えます。できれば、とっておきのおやつがおすすめです。コツは「明るくターンして、おすわりしたらよくほめて、おいしいおやつを与える」

という流れを、愛犬と一緒に楽しみながら行うことです。

さっそく飼い主さんがやってみたところ、岳はすぐに覚えてくれたそう。ある日公園に行ったとき、岳が飼い主さんの顔をじっと見るので周りを見渡すと、ほかの犬が近づいてきているのが見えました。飼い主さんがそれに気づいたことを確認すると、岳は自ら公園の奥へ移動したのだそうです。何とすばらしい！

それからは、距離が近い場合にはターンで回避したり、余裕がある場合にはおいしいおやつを食べながらすれ違ったり、飼い主さんもだんだん落ち着いて対処できるようになってきて、苦手だった犬とも紳士的に対応、スルーできることがどんどん増えたとのこと。すっかり楽しいお散歩になっていきました。

私は、飼い主さんがよほどおいしいおやつを使ったのだろうと思って、何を与えたのか聞いてみると、何といつもと同じものだそうなのです。前はおやつに見向きもせず犬に吠えかかっていたのに、今ではそのおやつを食べてくれて、ハッピー・ターンしてくれるそうです。

これには驚きました！　事情を聞くと、今まではほかの犬に出会うと気分が落ち込んでいた飼い主さんも、「ハッピー・ターン」という明るい響きの言葉に助けられ、うまくかわしてくれる愛犬にも感激し、とてもポジティブに回避することができるようになったそうです。おそらくその気持ちが、岳にも伝わったのでしょう。飼い主さんの自信は、岳が自信を持ってすれ違えるようになったことに影響しているのは間違いありません。

「『ハッピー・ターン』はやさしい言葉、みんなが笑顔になる言葉、ありがとう」。飼い主さんはこういってくれました。ほかの犬に吠えてしまう犬たちとの散歩が、どんどんハッピーになりますように！

COLUMN

ドッグトレーナーVS メンタルドッグコーチ

「ドッグトレーナー」という肩書き（職種？）は、聞いたことのある人が多いでしょうが、「メンタルドッグコーチ」はいかがでしょう。初めて聞くという人がほとんどだと思いますが、それもそのはず、私が作った新しい職業（？）なのです。ドッグトレーナーとのいちばん大きな違いは、ドッグトレーナーが「犬に何かを教えること」をメインにしているのに対し、メンタルドッグコーチは「飼い主さんに犬との正しい付き合い方をアドバイスする」のが仕事であること。

犬にかかわる仕事は、大きく分けて2つあります。ひとつは犬にかかわること、もうひとつは〝飼い主さんに〟かかわることです。「犬にかかわる」とは、犬に何かすることを教えること。たとえばアジリティーでトンネルをくぐったりハードルを跳ばせたり、盲導犬のように目の不自由な人を助けたり、捜索訓練など何かを探すことを教えたり、そういったことを犬に直接教える仕事です。

「飼い主さんにかかわること」は、さらに2つに分かれると考えています。ひとつは、

「人に都合がよいように犬に行動させるためにどうしたらいいか」を飼い主さんにアドバイスする仕事。もうひとつは、犬の幸せのために犬の行動をどう受け入れ、あるいは変えてもらうのがよいか、飼い主さんの考え方を見直すサポートをすることです。「メンタルドッグコーチ」は、後者にあたります。もちろん「よりそイズム」にのっとって、必要があれば犬に行動を教える必要があるので、ドッグトレーナーとしての技術も備えていなければなりません。

たとえば飼い主さんから、「うちの犬は△△して困っています」と相談されたら、「それは、こうやれば直せます」と、それをやめさせようとするのがドッグトレーナー。メンタルドッグコーチは、「それを受容することはできませんか？ どうしてもやめてもらわなければダメですか？」と詳しく聞き、犬がそれをすることを受け入れてもらえないか、飼い主側で歩み寄ることはできないかを確認します。もしそれで飼い主さんが、「まあ、やらせてもいいか」となれば、その行動をやめさせる必要がなくなります。この場合に危険なのが、飼い主さんが本や雑誌、インターネットを見て「これはやめさせなくてはいけないとあったので！」と思い込んでいるケース。その思い込みによって、犬たちはどれだけ犬らしい行動を制限され、やりたいことができない犬生になっているでしょうか。犬たちが不憫に思えてなりません。

それでも飼い主さんが「その行動を受容できません！」とおっしゃるようなら、「では、どうなったらいいでしょうか？」と、具体的に犬にしてほしい行動を確認します。

そしてそれが、あまりにも理不尽で犬だけが我慢するようなことでなければ、犬が心地良くやってくれるように〝お願い〟するのです。もし理不尽だったら、その理由を説明し、説得できる器量を備えている……。それがメンタルドッグコーチに必要なことであり、基準になるのが「よりそイズム」なのです（P42～参照）。

あるドッグトレーナー養成校で、「子犬に甘噛みをさせて『痛い！』と大きな声で叫んでやめさせる」という試験があったそうです。それを受けた人は、子犬が怖がってしまっている姿を見てかわいそうで仕方なかったといっていました。しかし、やめさせられないと合格できないので、辛いけれどやったということでした。試験に使われた子犬は、何度もやらされているうちに噛まなくなってしまったそうですが、当たり前です。「遊ぼう！」と誘ったのに、「痛い！」と大きな声で返されて、びっくりさせられ、「怖い、遊びに誘いたくない」という気持ちになったのでしょう。それは、子犬との正しい会話とは到底思えません。

感性で感じて「かわいそうでできない」と思っても、「試験に合格しないと卒業できない。ドッグトレーニングの仕事ができない」という理性が働いてできてしまったのです。それが子犬にとってどのくらいのダメージになることか……。その子の気質などにもよるかと思いますが、かえって問題行動が出てしまっていないことを祈ります。生きている相手、命と向き合うときは、理性よりも感性が大切なことも多いのだと理解しておくことがとても重要だと思います。

PART 2

しつけの常識、ここがヘン!?

▼▼▼▼▼

子犬をケージから出すな、ソファに乗せるな、一緒に寝るな、
甘噛みはやめさせろ、好きなように歩かせるな!?
これまでのそんな“しつけの常識”にモノ申す!
巷にあふれるおかしなルールを脱ぎ捨てて、
犬との心地よい関係を作りましょう!

しつけの常識、ここがヘン!? 1

迎えたばかりの子犬は、ケージから出してはいけない

「2か月間この中から出さないでください」

これは、知人のドッグトレーナーが飼い主さんの家に行ったときに見たという、ダンボールの箱に書いてあった一文です。ダンボールから出さないということではなく、これに入っていたケージから子犬を出すなという意味だったようです。

レッスンで、飼い主さんから「ペットショップで購入した際に、ケージから1週間出してはいけないといわれた」という話を聞くことがあります。ほとんどの人はおかしいと思ってすぐに出すようですが、なかには話を真に受けて「ずっと出さなかった」という人もいます。冷静に考えたらおかしいことに気づくでしょうが、「お店の人は正しいことを教えてくれるはずだ」と思ってしまうと、出さないでいても不思議ではありません。

なぜ、ペットショップの店員さんはそんなことをいうのでしょうか。買ってきた子犬がかわいくて家族がさわりすぎてしまい、環境が変わって免疫力が落ちている子犬の具合が悪くなることがある、というのが理由のひとつのようです。しかしそれは、きちんと説明すればそれほど難しいことだとは思いません。大人は我慢できても子どもがついさわってしまう、ということがあるかもしれませんが、子どもに説明して理解させるのは親の大切な役割かと思います。親が命に関してしっかり教育してあげられるチャンスですし、子どものほうもしっかりと学ぶべきです。子犬の命がかかっていることなので、親は真剣にいって聞かせるべきでしょう。

実際に親の教育や管理が悪く、子どもたちと犬を遊ばせすぎて子犬が瀕死の状態になり、訴訟になったケースもあるそうです。信じられませんが、もしその親が「ペットショップに返金を求める」という話なら、あまりにも理不尽です。命にきちんと向き合って、何をどこまでやってはいけないか、それを察することができるようになるのは人として最低限必要なことではないでしょうか。人はもっと、動物たちから学ばなければならないことがたくさんあります。

※エリクソンの心理社会的発達理論によると、「人間の成長では乳児期における基本的信頼がとても重要」なのだそうです。この時期に、無条件の愛をたくさん受けるかどうかは、その後の成長に大きく影響するとされています。

このことを説明するときによく出てくるのが、「ハーローのアカゲザルの実験」です。まずアカゲザルの子猿を母親から引き離し、ミルクが出てくる仕組みになっている針金製の代理母人形と、やわらかい布が巻いてある木製の代理母人形（ミルクは出ない）と、どちらを選ぶか試したのです。子猿たちは、布が巻いてあるほうを選びました。ミルクを飲むために針金の母につかまることはありますが、飲み終わると布の母のところへ戻りました。この実験によって、愛着はミルクが飲めることだけで生まれるのではなく、接触の快適さ、スキンシップによって形成されると考えられたのです。

ガチャガチャ動く怖いおもちゃを見せられたときは、子猿は悲鳴を上げながら、ミルクがある針金の母ではなく布の母にしがみつきました。また、狭いケースから広いケースへ出されたとき、布の母と一緒にいた子猿たちは、最初は怖がるものの だんだん遠くまで行けるようになりました。不安になると布の母のところへ戻ります。快適な接触を得られる子猿は、知らない場所への恐怖を好奇心に変えることができたのです。やわらかくて暖かい、布の母に守られているという基本的信頼が、子猿に勇気を与えているのです。それに対し、針金の母と一緒にいた子猿は、広い部屋に出されても遠くへ行くことができませんでした。一か所にうずくまって不安そうにしていたようです。

布の母と一緒にいた子猿は、恐怖の対象（たとえばゴムでできたヘビ）を入れられたとき、最初は怖がってキャーキャー叫びながら布の母にしがみついていましたが、徐々にヘビに興味を示し、

※エリクソンの心理社会的発達理論……発達心理学者E・H・エリクソンが提唱した、人が生まれてから死ぬまでに心理社会的にどのように発達するかに関する理論。

最終的にはそれで遊ぶことができるようになりました。それに対し、針金の母と一緒にいた子猿は、針金の母にしがみつくことはせず部屋の隅に逃げてずっと泣き叫んでいたそうです。

この実験から、子犬の基本的信頼を健全なものにするためには、生まれてからしばらくのあいだは、親きょうだいや人間との快適な接触が大切だとわかります。しかし現実はどうでしょう?

ペット先進国では常識となっている「8週齢以前は親きょうだいから引き離し、販売してはいけない」という法律も、日本では1週少ない7週齢(49日齢)となっています。この時期の1週間はとても大切な時間なのに、です。

子犬のレッスンをしていると、多少怖いことがあっても克服できてすくすく成長する子犬もいれば、何でも怖くて仕方なくて克服できず、それが原因で吠えたり噛むようになる子犬もいます。親の気質や個体差もあるでしょうが、基本的信頼を育むためのスキンシップが明らかに足りなかったのでは?と思えるケースも少なくありません。怖がる必要がないものを怖がる犬……。飼い主さんも犬も、苦労が多くなりがちです。

命と向き合うとき、「さわりすぎて病気にしてしまうからケージから出してはいけない」という考え方は極端すぎます。なぜなら適度なスキンシップは、愛着関係を作るためにとても大切だからです。私は、子犬を迎えた飼い主さんには具体的に以下のことをお願いしています。

●6か月齢になるまでは叱らないで教える気持ちで接してください
●最初の数か月は「自己紹介期間」なので、自分をどんな人だと思ってほしいのか、それが子犬に伝わるように接するようにしてください
●子犬のうちは食べて、出して(排泄)、遊んで、寝るのが仕事。良質なものを食べさせ、しっかりと排泄できる環境を整え、楽しく遊んでスキン

シップをして、月齢に応じて1日の2／3くらいは寝かせるようにしてください
●子犬とは、子犬が心地よいと思うくらいの力の強さでふれ合ってください。子犬が出せる力と同じくらいがおすすめです。強すぎると子犬に不快感を与え、怖がらせてしまいます
●ケージから出すときは、絶対に目を離さないで、全身全霊で子犬に向き合ってください。子犬の心を育てる大事な時期です。テレビを見ながら、携帯をいじりながらなど、何かをしながら向き合うことはしないでください
●ケージから出す時間は、1回につき30～40分以下にしてください
●お子さんは、子犬がかわいくてさわりすぎたり、遊ばせすぎたりすることがあります。とくに連れてきたばかりのころは、免疫力が落ちている可能性があるので要注意。子どもによく話して理解してもらうのは、大人の役目です。子犬の命にもかかわることなので、徹底してください（「ケージから出すな」の代わりにこう伝えます）

このように新しく犬を迎える飼い主さんにお伝えすることができれば、「○か月間ケージから出さない」などという不自然な付き合い方をアドバイスする必要はありません。

ひとつ、気になる話があります。以前、ペットショップに勤めていた知人から聞いた話です。なぜ箱やケージから一定期間出すな、とお客さまに言うのか。それは、子犬の具合が悪くなって返品希望やクレームがきた場合のことを考慮してのことだとか。「出すな」といっておいても、ほとんどの人は出してしまうので、「出したから具合が悪くなった」といえる。つまり、お客さまのせいにするためなのだそうです。

もしこれが事実ならとても情けないし、動物に対して人間は恥ずかしすぎることをしていると、私は思います。

食べて・・・
出して・・・
ちょい
ちょい
遊んで・・・
・・・寝る
Z z z z z・・・・・

しつけの常識、ここがヘン!? 2

犬と**アイコンタクト**をしなくてはならない

犬のしつけに、目を合わせる「アイコンタクトのトレーニング」というものがありますが、それだけをやることに意味があるのか、私はかなり疑問に思っています。必要なアイコンタクトはもっと自然に、ふだんの生活のなかで身についていくものなのではないでしょうか。アイコンタクトには、「飼い主と犬の上下関係をはっきりさせる」という説もあります。犬にはリーダーに注目する習性があり、アイコンタクトで注目するたびにその人をリーダーと学習していくのだそうです。

しかしその理屈で考えると、レッスンのときに目を離さずにずっと私を見ている犬たちは、そのたびに私をリーダーだと思っているということになるはず。しかし実際のところは、初対面の私のことを警戒していて、私がどう動くのか怖くて見張っているという感じです。こちらがむやみに近づいて怖い思いをさせたら、自分を守るために噛んでくる可能性もあります。リーダーになっていると思ったことは一度もありません。

怖がりな犬の場合、仲良くなるためにおやつをあげることもあります。近づけないくらい怖がってるときは食べてくれないことも多いですが、おそるおそる近づいて来て、食べ物の魅力で恐怖を克服して食べてくれたとしましょう。するとその犬は私が食べ物をくれることを理解し、私の動きに注目するようになります。ふと犬のほうを見ると、こちらを見てくれていて目が合います。「かわいいな」と思うので、またお近づきの印におやつをひと粒あげます。

これを何回かやると、おやつがほしくて一生懸命私の顔を見てアピールし、目を合わせてくれるようになります。その犬は、私をリーダーだと思ってくれたのでしょうか？ それは違うと思います。「この人は目が合うとおやつをくれる!」と学習し、おやつがほしいから目を合わせてくれるようになっただけなのです。学習理論をベースに考えれば、行動の意味がたやすく理解できるはずです。

似たものとして、「目をそらさない犬は反省していない」という説があります。犬たちは、相手の要求に興味がないときやかかわりたくないときに目をそらすことが多いようで、犬同士でも見かけます。遊びたいときやケンカを仕掛けるときは、目と目が合った時点で同意したことになり、それらが始まります。どちらかが目をそらしたら成立しづらいようです。

「ケンカで目をそらす＝相手にする気はない＝反省した」といえないこともないですが、基本的には「かかわらないほうがよさそうだから、受けるのはやめよう」という流れであって、反省とはちょっと違うのではないでしょうか。「目をそらす＝かわす」という感じに近いと思います。逆にそらさない場合は、「受けて立つ！」ということなのでしょう。しかしそれも、「本当の意味でのケンカ」が成立するのではなく、多くは怖くて防衛的な攻撃を仕掛けてくるのだと、私は感じています。

レッスンに伺ったお宅で、恐怖から吠えている犬によく出会います。「大丈夫だよ」、「いじめに来たんじゃないよ」と伝えようとアイコンタクトしてしまったら、さらに吠えられるケースも少なくありません。私をリーダーだと思っている様子はなく、明らかに怖くて仕方がないのです。

アイコンタクトに関しては、状況によっていろいろ理由はあるので、一概に説明することは難しいと思います。目をそらさずに飼い主と見つめ合える犬は、飼い主が何を望んでいるのか、何を考えているのか、一生懸命理解しようとしているのかもしれません。何とも健気だと思いませんか？

「目」つながりでいえば、「犬の目線が飼い主よりも高くなると、自分のほうが飼い主より偉いと思う」という説もありますが、まったく根拠がわかりません。試しにわが家の犬たちを抱いて目線を私より高くしたところ、不安がって早く降ろしてほしそうでした。むしろ罰になったような感じでした（笑）。

不自然に発生した（家族ではない）オオカミの群れでは、頭や目線の高さなどで順位を表す行動が観察されたことがあるようですが、異種間（人との関係）で応用できるとは思えません。野生の

オオカミが、目線が上にある鹿やバッファローを自分より上だと思っている……わけがありません！ それをいったら、キリンなんてとんでもないことになってしまいますよね!?

しつけの常識、ここがヘン!? 3

犬をソファに乗せてはいけない

シドニーのドッグテックインターナショナルでの研修で「犬が『ライオンキング』になるから、ソファに乗せてはいけない」と指導されたので、「ＤｏｇｇｙＬａｂｏ」を立ち上げたころは、飼い主さんにそうアドバイスしてきました。２００８年発行の拙著『犬のモンダイ行動の処方箋』（緑書房）の３刷目までにも、犬との関係をアドバイスしたベースプログラムに「ソファには乗せない」と書いてあります。

同名のディズニー映画で、王になるライオン・シンバが、高いところに立って自分の王位を周囲に知らしめる、という場面をご存じでしょうか。それをシンバを愛犬になぞらえた考え方で、高いところに犬を乗せたり、自分（飼い主）と同じ高さにすると、自分も飼い主と同等か飼い主を下に見るようになる、というものです。ですから研修を終えて帰国してからは、わが家でも愛犬たちをソファに乗せないようにしていました。が、徐々にそんなことは関係ないような気がしてきたのです。何よりも私自身が「一緒に座ってまったりしたい！」という気持ちになり、あるとき思い切って犬たちをソファに乗せてみました。

一緒にソファに座っているとき、犬たちはとてもリラックスして気持ちよさそうにしていました。もちろん私も幸せでしたので、次第にソファはシェアするようになり、しまいには（多頭飼いということもあり）だんだん犬たちに占領されるようになりました。それほど大きなソファを持っていたわけではありませんので、全員一緒に座りたいときは、誰かが私の膝の上に座ることになります。愛犬に、ソファどころが自分の上に乗られてしまうなんて、バカにされまくりの飼い主です!? 犬たちはきっとライオンキングになってしまうはず、です。しかしいくら待っても、ライオンキングは現れませんでした。

そんなこともあり、『犬のモンダイ行動の処方箋』で書いたベースプログラムは、10年の歳月をありります。
経て進化。4刷目からは修正したものを掲載して

「高いところに乗せない」という記述は、「ソファやベッド、椅子などの高いところに乗せてもかまいませんが、降りてほしいときに降りるようにトレーニングしましょう」と変わりました。おやつを使って「降りて」といわれたら降りればいいのです。降りたらおいしいものがもらえると学習させれば、すぐに降りてくれるようになります。犬は、「自分が飼い主の上でありたいから降りない」とか「降りたら飼い主にバカにされる」などとは考えていません。

ただし超小型犬は、ある程度の高さがあるところから飛び降りると骨折につながることもあるので、十分注意してください。実際に、ポメラニアンが20㎝くらいの高さから飛び降りて骨折した、という話を聞いたことがあります。

さて、前述したベースプログラムには、私がアトラスの首輪を持っている写真が使われています。当初はそこには「ソファに乗ったら首輪をつかんで下に降ろしましょう」という説明が付いていたのですが、最新版では何と正反対の「首輪をつかんで降ろすのはやめましょう」という説明に差し変わっています。著者としては、進化・成長による修正を加えたことを改めておわび申し上げます。

もちろん、首輪や首根っこをつかんで降りるよう促しても、揺るぎない関係が作れている飼い主さんと愛犬もいることでしょう。しかし、体罰などをされた経験があると、首輪を持つことで恐怖心から攻撃性を引き出して噛みつくようになることもあるので、十分な注意が必要です。犬たちと付き合うときに、その方法が有効なのか無効なのか、逆効果なのか。それを見きわめることがとても重要なのです。

しつけの常識、ここがヘン!? 4

犬と一緒に寝てはいけない

夜、犬と一緒に寝ると「犬が飼い主を下に見るようになる」とか「分離不安がひどくなる」とか、いろいろなことがいわれていますよね。ちなみに私は、愛犬たちと一緒に寝ています。

最年長・15歳のアクセルはやはり何かと心配なので、自分の頭のそばに寝かせています。老犬なので自力では動き回らず、私が枕元に置いてやると、素直にそのまま寝ています。トイレに行きたいときは立ち上がるので、抱いて連れて行きます。てんかん持ちのクロノスもできればそばで寝てほしいのですが、幸い自ら近くで寝てくれています。本人も多少は不安があるのかどうか、そのあたりはわかりませんが。

暑い時期にベッドにいるのはその2頭で、あとの3頭は涼しくて気持ちいいところを自分で選んで寝ています（お気に入りの場所は大体決まっているようです）。冬は全員布団の中に入りたがるので、まさにぎゅうぎゅう。私は小さく縮こまって犬たちが入れるように気を使い、体を伸ばすことはほぼできません（笑）。目覚ましの音が鳴る前は、私を踏んづけてベッドから降りるようなことは誰もしないのですが、鳴ってからは遠慮なく、というかわざと踏んで行くような気がします。さらには、目覚ましが鳴っても目を開けられずうつらうつらしていると、ひげがかすかに私の顔にさわるようにして起こします。意図的と思われます（笑）。

「一緒に寝たり自分の上に乗せたりすると、犬は飼い主をバカにする」とはよくいわれることですが、わが家で子犬が5頭生まれたとき、必ず決まった子犬が上に乗っていたという記憶はありません。それこそいろんな犬が上に乗っていましたし、今でも年齢や先住かどうかに関係なく、あごや頭を相手に乗せたりしています。だからといって、犬同士が下になった相手をバカにしていると思われる行動は見たことはなく、私も犬たちからバカにされたと感じたことは一度もありません。

そもそも、自分の群れに順位があるともあまり

思えませんでした。そこで、アニマルコミュニケーターのデビー・コワン・ハケットさんに犬たちとコミュニケートしてもらうと、いちばんの年長で先住でもあるアクセルのことは、みんなが尊敬しているとのこと。たまに遊んでいて勢い余ってアクセルを踏んだり、ぶつかったりすることもありますが、悪意は感じられません。

分離不安になるという説もありますが、これは少々犬を擬人化しすぎた考え方のような気がします。人だったら「大きくなっても親と寝ないと不安」といわれれば心配な事態ですが、犬たちがそばにいたり一緒に寝たりすることはそれとは違うのではないでしょうか。実際にわが家の犬たちは全員一緒に寝ていますが、分離不安がある犬はいません。

ただしクロノスは、以前は平気で留守番できていたのですが、てんかん発作の影響か、あるときから突然、留守番が過度のストレスとなってしまいます。試しに留守番の様子を動画で撮影したことがありますが、その様子が尋常ではなかったので、まずは発作の回復に努めながら折を見て再開しようと思い、留守番のトレーニングは今のところ断念しています。

分離不安については、「我慢できるようにさせる」、「無視する」などの改善方法がありますが、これにも違和感を覚えます。ちなみに、人間の子どもの分離不安の場合は、親が子どもの不安を理解して温かく受け止めることを根気よく続けていけば、解消することが少なくないそうです。子どもの不安を無視したり、叱ったりするのは逆効果だともいわれます。ということは、子犬たちが最初さびしがって要求鳴きをすることに対して、行動分析学的な対処法（無視する＝うれしいことが起きないから鳴くという行動は消去される・やらなくなる）は正しいのか？　行動学の理屈ではそうですが、子犬の心の成長においていいことないのかと心配になります。

人の場合、子どもに不安な様子が見られたら、できるだけ抱いてやったり話を聞いてやるなど、母性的なかかわりを多くするとよいのだそうですが、巷でよくいわれる犬のしつけの常識は〝真逆〟です。「抱いたら抱き癖がつくからダメ」、「余計に鳴くようになる」など子犬の気持ちを無視しているものが多いと感じます。子犬が不安を感じているようなら、まずは安心感を与えてやってから自立心を育てていく、というのが筋だと感じるのですが、これは間違っているでしょうか？

しつけの常識、ここがヘン!? 5

引っ張りっこは必ず飼い主が勝たなければならない

「引っ張りっこ」は遊びです！ 遊びです！ 遊びなんです！

何回も唱えてみましたが、意外とこれが理解されていないような気がします。「必ず勝たないと、犬は飼い主を下に見るようになる」という考え方がありますが、そんなことはありません。だったら、「犬と引っ張りっこをして必ず勝つようにすれば、犬より上になれる」ということになりますが、それをやって犬の上になれていうことを聞いてもらえるようになった、というケースは見たことがありません。私が犬だったら、毎回負けるゲームはつまらなくなるかもしれません。引っ張りっこは遊びなので、いかに楽しめるかが大切なのではないでしょうか？

私が引っ張りっこをするときはどうするか。わが家の愛犬はみんなミニチュア・シュナウザーなので力ではもちろん勝ち続けることができますが、それでは楽しめません。わざと互角になるように引っ張り合って、満足している犬たちの顔を見て楽しみたいのです。〝犬たちの得意そうな表情〟は、よく観察しているとわかるようになります。

まずは、「引っ張りっこの目的」をよく理解しましょう。それは「お互い楽しむこと」！ 決して上下関係を築くことではありませんし、犬たちはそんなことを考えていません。引っ張りっこで犬に負けたくらいで犬がいばり出すことはありませんし、勝ったからといってリーダーになれるわけではありません。犬が「遊ぼう！」といっておもちゃを持って来たのに、それを投げてやってしまうと犬が上になる、というのもおかしな話です。犬は、「飼い主さんが遊んでくれる人だ」と学習して、飼い主さんと遊ぶのが楽しいから、遊んでくれる可能性があるときにおもちゃを持って来るのです。そこに上下関係や主従関係はありません。一緒に遊べる関係があるだけです。

飼い主さんが忙しくて遊べないときはおもちゃ

を持って来ないと思いますが、じつに健気なケースもありました。飼い主さんがキッチンで料理をしていたとき、ふと見ると、足元にたくさんのおもちゃが置いてあったそうです。その飼い主さんは、愛犬が「遊べ！」と偉そうにおもちゃを持って来て、主導権を握ってしまった！などと心配することはありませんでした。むしろ気づかなかった自分を責め、遊びたいのに遊んでもらえなかった愛犬の気持ちを考えると涙が出てきてしまったそうです。ただ「ごめんね、〇〇ちゃん！」と謝っても、犬はその意味を理解せず、なぜ飼い主が暗くなっているのか悩むと思いますので（笑）、明るく遊んであげるとよいと思います。

引っ張りっこに関してもうひとつ。一流ハンドラーによるマリノア（ベルジアン・シェパード・ドッグ）の防衛訓練の様子を見学させてもらったことがあるのですが、そのときのごほうび（犬が行動をしたくなるモチベーション）は、まさに「引っ張りっこ」でした。犬がこちらの望む行動をしてくれたら、引っ張りっこをしてやるのです。訓練中のマリノアにとって、それはおやつとは比べものにならないくらいのすばらしいごほうびだということが見ていてわかりました。まさに全身で喜びを表している、といった感じだったからです。そして、ごほうびとして大事なことは、たまにその引っ張りっこに使っていたバッグを完全に与えてやることだそうです。ハンドラー（つまり飼い主）が勝って終わり、ではないのです。

最初に述べたように、引っ張りっこは遊びです。その遊びにおいて、どうして人は、犬に負けることにそれほど過敏になってしまったのでしょう。どうやったらお互い楽しく遊べるか、どんな会話ができるか、それを考えたほうがよい気がします。遊びが楽しければ楽しいほど、犬は飼い主さんを好きになりますし、一緒にいたいと思ってくれるはず。それこそが、信頼関係を結ぶために大切なことなのではないでしょうか。

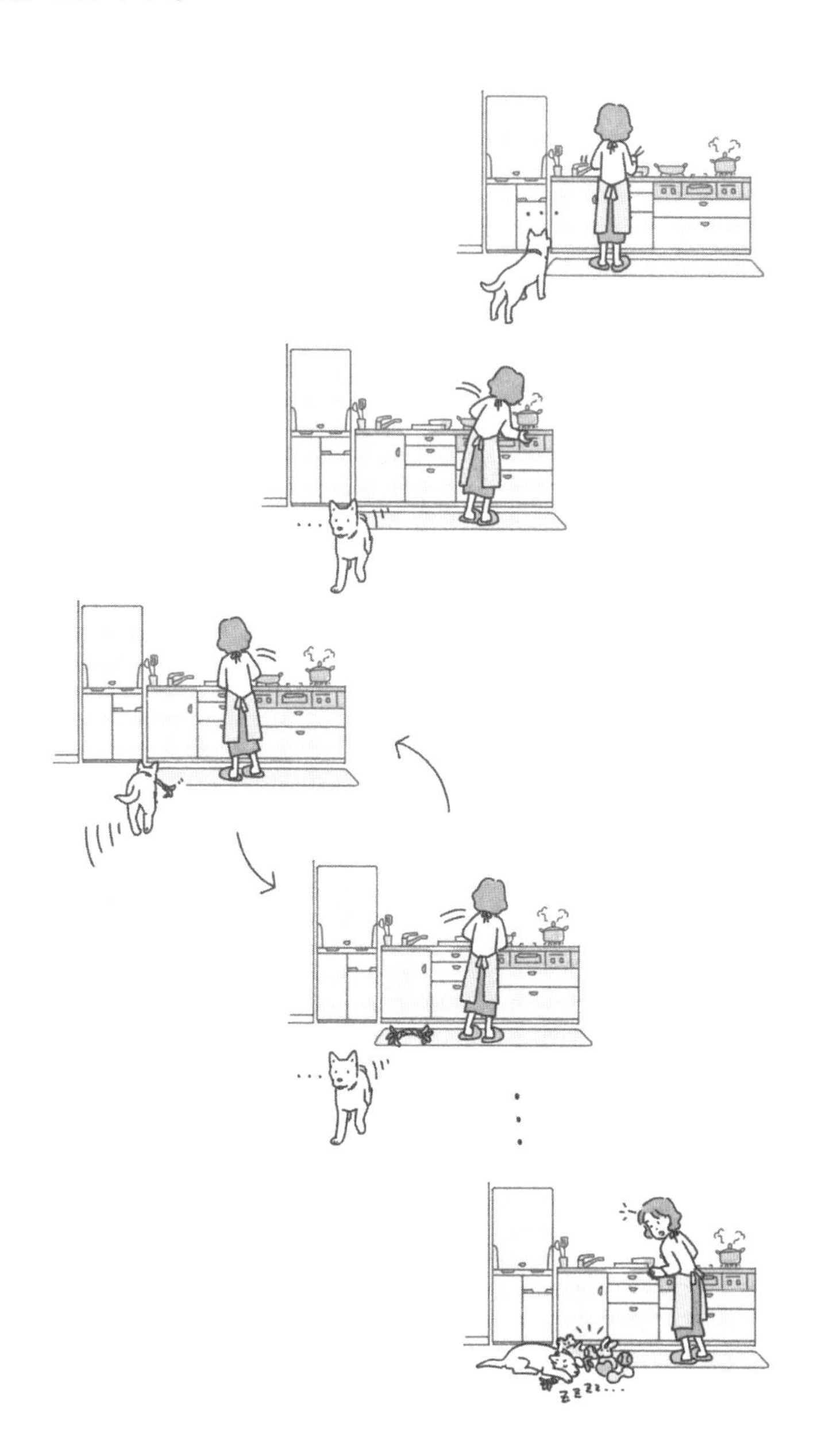

しつけの常識、ここがヘン!? 6

仰向けにして押さえつければ、犬は飼い主を上だと思う

フーラが5頭の子犬を出産してから、その息子であるアトラスの成長をずっと見守ること10年になります。その間、子育てをしっかりと見せてもらいました。

「犬は服従するときお腹を見せる」とよくいわれますが、子犬が30日齢を過ぎてチョロチョロ歩き出すようになったころ、群れのオスであるアクセルが、子犬たちを少々乱暴にひっくり返し始める様子が観察されました。子犬たちはさすがに最初はびっくりして悲鳴を上げていましたが、そのうち慣れてきて、アクセルに甘噛みして遊びを挑んでは鼻先でひっくり返され、そのうちアクセルが鼻先で押すだけで自分からひっくり返ってお腹を出し、またうれしそうに起き上がって甘噛みしに行っていました。見ていると楽しそうで、そのやんちゃっぷりは、だんだんアクセルの手にも負えなくなっていくようでした。

もちろんそれはアクセルにとって不都合なことではなく、大げさにいうと「教えたという満足感を味わっていた」ように見えました。試しに私も鼻先で子犬をつついてみたら、ひっくり返ってお腹を出して、うれしそうに顔に向かってきました。その様子は、とても服従には見えません。どちらかというと「ルール」のような感じです。

今でも私の犬たちは、ひっくり返せば素直にされるがままになっていますが、お互いそれを「服従」とか「私（飼い主）を上だと思っている」と感じたことはありません。

ただ、成犬にひっくり返された経験がない犬は、無理やりひっくり返そうとするととても怖がります。考えてみれば当たり前のことで、それを「不服従」とするのはまったく間違っているのではないでしょうか。反抗ではなく、怖くてひっくり返れないのです。怖いから、やめてほしくて暴れるし、噛むのです。「こわいよ、やめて!」といっているだけなのです。

これまでのレッスンで、実際にそうした無理なしつけの犠牲になった犬をたくさん見てきました。膝の上に仰向けにする行為は、子犬のしつけ教室ではとくにポピュラーなようで、「アルファロールオーバー」とか「リラックスポジション」などと呼ばれています。「仰向け固め」(!?)などという物騒なネーミングもあるようです。

これも、オオカミの群れでリーダーがほかの犬やることだとされていますが、本当の群れ(家族)で観察されたという例は確認したことがありません。子犬たちがきょうだい同士で自然とこの行為をするということですが、わが家の群れでも見たことがないのです。今でもひっくり返し合いながら遊んでいるのは、アトラスとエリオス、エリオスとクロノスのペア。あくまでも遊びです。親犬が叱るときにやるともいわれているようですが、フーラが子どもに対してやったところを見たことがありませんし、アクセルにしても「固め」といわれるほどの強さではやりませんでした。

もちろんわが家の群れだけでの観察ですから、する犬もいるのかもしれませんが、すべての犬がやるわけではないのなら、やらないで関係を作れる犬たちがいるなら、「しなければいけない」と決めつけるのは危険だと思います。

以前、ドッグランでほかの犬に吠えて噛みついてしまう、というお悩みでスクールに来ていた初対面のトイ・プードルに吠えかかられたアトラスが、ガウッとうなってその犬を押さえつけたことがありました。その後、そのプードルはアトラスに吠えかかることはなく、アトラスのほうも気にする様子はなく、お互いかかわりを持つようなことがありませんでした。だからといってプードルがアトラスを上だと認識した、という感じではなく、「こいつに吠えかかるのはやめておこう」、それくらいの様子でした。

無理に押さえつけなくても、ひっくり返ってくれなくても、犬との良い関係は築けますし、信頼関係も得られます。大事なのは、そんなことではないのです。

母
Zzz…

しつけの常識、ここがヘン!? 7

犬を好きなように
歩かせてはいけない

「犬を好きなように歩かせたら、犬は飼い主より自分を上だと思う（自分を偉いと勘違いする）」というのも、よく聞くしつけの常識ですよね。「危険な場合」は、もちろん好きに歩かせてはいけません。たとえば、私がレッスンで伺うことの多いエリア（東京都23区内、神奈川県の一部、千葉県の一部など）の都市部では、好きなように歩かせたら危険な場所だらけです。

つまり、好きなように歩かせることはよりそイズム3原則（P51）に反するので、歩き方を教えることは大切です。また、「犬が好きではない人がいるかもしれないところでは、好きに歩かせることはしない」というマナーを守るべきだと思います。

しかし、ある程度安全で他人に迷惑をかけないような場所では、自由に歩かせてやってもよいのではないでしょうか。犬はきっとうれしそうに歩くはずです。犬がうれしそうなことは、飼い主さんにとっても喜びだと思います。

15年間、2000件以上のレッスンで犬たちの散歩の様子を見て来ましたが、自由に歩けたからといって犬が「飼い主より自分が上だ」と思っているように感じたことはありません。

なぜそんな説が生まれたのか不思議ですが、数年前に参加した犬に関する勉強会でイギリス人のドッグトレーナーによるセミナーがあり、そこで「犬がリードを引っ張るのは、ドミナンス（優勢・人より偉いと思うこと）か？」という質問がありました。日本ではまだ「犬が飼い主より前を歩くと自分が上だと思ってしまう」という説がかなり支持されていましたので（現在はそうではないと信じたいです）、会場全体が「それは当たり前だろう、何を今さら」という雰囲気になり、ざわついたことを覚えています。

ところがそれに対する講師の答えは「ただ前に行きたいだけです」という、衝撃的（？）なものでした。さらに、「好奇心が旺盛ともいえますね」と付け加えていました。会場がさらにざわざわし

たのは、いうまでもありません。感性で考えたら当たり前のことなのに、なぜ飼い主より上だとか、いばっている犬とか、そういう見方になってしまうのでしょう？　まったくもって謎です。

私がわが家の犬たちと歩くときは、できるだけ心地よく歩かせてやりたいと思う一方で、最低限、環境に応じてリードをコントロールして動きを調整しています。すれ違う人の様子や、犬を見てほほ笑んでいるのか無視なのか、怖がっているのかを瞬時に察知し、相手との距離、リードの長さを調整するのです。必要があれば犬たちに声をかけて、こちらに集中させるようにします。よほどの回避が必要な場合には、おやつの準備（これも瞬時に出して犬たちにあげられなければなりません）や、回避、Uターン、道の変更も必要になります。

そうした動きを気遣い、さまざまな対処で愛犬をサポートするのが飼い主の重要な役割で、犬に

服従を求めるというより、「優れたリードによって導いていく」という表現がぴったりだと思います。

もちろん、日ごろから愛犬とよい関係を作っておくことも大切。お互い大好きな関係なら、犬は呼ばれたら反応するし、空気中や地面のにおいを楽しんではいるけれど、同時に相手（飼い主）の動きをつねに感じている。そんなふうになるのではないでしょうか。「散歩」は、「歩く」という物理的な行動だけでなく、こういった心のつながりも意識して一緒に歩きたいものです。

しつけの常識、ここがヘン!? 8

食事は飼い主が犬より先に食べなければならない

「Leader eats first（リーダーが先に食べる）」。シドニーのドッグテックで研修していたときに、そう教わりました。もう15年以上前のことで、当時は私もそう信じていました。これは、「オオカミの群れではリーダーが獲物を最初に食べるから」という説が根拠になっていたようです。オオカミの群れのアルファ（P72～参照）のように、飼い主もアルファにならなければならない。そう教えられたときはそのアイデアを気に入り、「アルファになろう！」と気張ったりしたのは事実。犬と付き合うには、人がアルファになる必要がある。その言葉をステキな響きとさえ感じていました。

しかし、「ＤｏｇｇｙＬａｂｏ」を立ち上げて飼い主さん宅へレッスンに行くようになり、現場でたくさんの犬たちと接してみると、彼らがアルファになろうとしているようにはどうしても感じられませんでした。レッスンで目の当たりにするのは、「犬たちがアルファになろうとしていることが問題なのではなく、飼い主がアルファになるために愛犬を支配しようとして、罰を与えるなど不快な目に合わせたために関係を破壊し、その結果信頼し合えず、いつ相手が攻撃してくるか、お互いビクビクして緊張している状態」がとても多かったのです。

「何かおかしい！」

心の声がそういうようになりました。私は帰国してから少しして、（自分のライフスタイルの都合もあり）犬たちよりも先に食べるのをやめ、先にごはんをあげてから、自分が食事をするようになりました。しかし犬たちは、アルファのようにふるまうことはありませんでした。

仕事から帰ってきて、お腹を空かせている犬たちにできるだけ早くごはんをあげたいと思う心やさしい飼い主さんも多いことでしょう。スーツを着たままビスケットのかけらを何とか彼らの目の前で食べて（先に食事をしたことにして）、それから犬たちのごはんをあげて、それからやっと着替えて自分のリラックスタイム……なんていう苦労をしている人たちに、「そんなことはしなくていいですよ！」といえるようになりました。私自身が犬より後に食事をしてみたところ、犬のほうがリーダーになるなどということはまったく起きなかったからです。

ある日、シカゴに住むアメリカ人の友人から一冊の本が届きました。私のブログを見ていてくれて、「きみがきっと興味があると思う本を見つけたので送ります」という手紙がついていました。

そのタイトルは『Beyond Words（言葉を超えて）』。著者のカール・サフィナによると、オオカミの群れでは、家族で狩りをリードするお父さんオオカミは、獲物を仕留めると周囲の安全を確認してからマーキングをして寝てしまうのだそうです！これまでの説だと、アルファたるお父さんオオカミが最初に獲物を食べるはずですが、そうではなかった。

この本はまだ日本では出版されていないので、この話をご存じの方は少ないと思います。でもそんなことを知らなくても、飼い主が先に食べようが後に食べようが、犬の態度が変わると思わない飼い主さんも多いのではないでしょうか？かなり以前から、「人が犬の後に食べても先に食べても、犬たちは何とも思っていない」と感じていた私は、これを読んだときは「やっぱり！」と確信しました。違いがあるとすれば、私が犬たちより先に食事をする場合には、後に食べるときよりもさらに人間のごはんに興味を持ってほしがる、ということくらいでしょうか。

人と犬が出会ったころにまでさかのぼると、人と犬はチームで助け合って狩りをして、捕れた獲物は分け合って食べていたといいます。一体いつから、「分け合ったら犬たちは人を見下す」とか「先に食べることでリーダーになれる」などということになったのでしょうか。本当に不思議でなりません。

しつけの常識、ここがヘン!?

9

犬に人の食べ物を食べさせてはいけない

これには2つの意味があるかと思います。ひとつは、「人が食べるために味をつけられたものを食べさせてはいけない」ということです。犬は人と違って汗腺が非常に少ないので、汗をたくさんかいて塩分を外に出すことが得意ではありません。なので、塩分の摂取量には気をつけなければなりません。人間がおいしいと感じるほどの味つけは、犬には濃すぎるのです。また、人が食べて大丈夫なものでも、犬にとっては害になるものがあります。代表的なのはチョコレートやネギ類で、これらを食べると命にかかわる可能性もあります。そういう意味では、「犬に人の食べ物を食べさせてはいけない」といえるでしょう。

もうひとつの意味は、「人が食べているものを犬とシェアすると、(犬が)自分と飼い主は同等だと思っていうことを聞かなくなる」というものです。これも、一体どんな根拠でそういわれるようになったのか、非常に興味深いところです。

たとえばオオカミに階級があったとしても、「食べているもの」自体は同じです。つまり、下っ端でもリーダーと同じものを食べていることになるのです。ならばなぜ、「人と同じ食べ物を与えると、犬は自分と飼い主は同等と思っていうことを聞かなくなる」という説ができたのか、本当に疑問です。いうことを聞かない理由は、「同等」ということではなく、行動分析学における学習理論で考えると「メリットがない」という表現がふさわしいと思います。

私自身は犬たちと食べ物をシェアするのが好きなので、可能なものはそうしています。パンやピザの耳、お寿司(酢飯)、レタスやきゅうりといったサラダの一部、りんごやバナナなどのフルーツなど、犬が食べても大丈夫なものです。これらがテーブルに乗ったときの犬たちのワクワクうれしそうな様子は、見ていてなかなか楽しいものです(笑)。

しかしいざ食べるとなると、少々困ったことになります。アクセル、アトラス、エリオスは静かに床で待っているのですが、フーラとクロノスは、ソファに上がってきて、食べている私の口元を覗き込むのです。ちなみに私はソファに座り、コーヒーテーブルのような高さのテーブルで食事をしています。ダイニングテーブルだと高すぎて犬たちが遠くて、(私が)さみしく感じるからです。ほしいとちょいちょい前足を私の手にかけてきますので、ゆっくり食べていられません。それはそれなりに楽しんでいるのですが、たまに度が過ぎると「こら!」なんて叱ることもあります。でも、彼らはそんなことちっとも気にしていない様子。

犬が食べてはいけないものを口に入れてしまわないように、十分な注意が必要ですが、基本的にはわが家の食卓にそういった危険なものがのぼることはありません。私が嫌いなものが、犬が食べてはいけないものとほぼ一致しているからです。

クロノスは、私がキッチンで自分の食事の用意を終え、お盆に載せて運ぶ段になると、うれしそうにソファに向かって走って行き、飛び乗ってオスワリします。まるで自分の席にお行儀よくついているようで、いつ見ても思わず笑ってしまいます。が、ちょっと目を離したすきにパクパク食べてしまうので、じつは笑ってもいられないのですが。

とくに朝食の時間は、わりと規則正しく同じようなパターンでいただくので、犬たちもわきまえています。最後に必ずお茶漬けを食べるのですが、お茶を注ぐとき、お茶漬けに入れる小さなあられをおすそ分けすることにしています。なので、犬たちはうれしそうに近くにやって来て定位置に座ります。最後に、少しだけ残しておいたごはん粒をシェアして朝ごはんは終了。するとみんな、好きなところへそれぞれ移動するため解散します。一緒に食事をしているようで、とても楽しい時間です。

誰が何の根拠でいい始めたのか、よくわからないしつけの常識がたくさんあります。しかし犬たちの心の声を聞いて、「よりそイズム」に沿って、ファミリーやパートナーとして楽しい食事の時間を楽しめることこそが何よりではないのか、とつくづく思う次第です。

ただし、ファミリーやパートナーが大型犬の場合は、かなり勝手が違うことになるかと思うので、くれぐれもご注意ください。

しつけの常識、ここがヘン!? 10

犬を人に飛びつかせてはいけない

「犬を飛びつかせると、人をバカにするようになる」。こんなしつけの常識を聞いたことのある人も多いのではないでしょうか。私は、これにも大いに疑問を感じています。

私が理事長を務める日本メンタルドッグコーチ協会所属のシニアコーチに、犬のトレーニングを学ぶために専門学校を卒業し、とある犬のスクールに勤めていた人がいます。そのとき経験したことに疑問を感じることになり、そこでの勤務をやめてしまったそうです。彼女と愛犬に起きた悲劇は、飛びつきが原因でした。

そのスクールに愛犬を連れて行ったときのこと。愛犬がうれしくて彼女に飛びついたところ、スクールの先輩に「仰向けにひっくり返して押さえつけなさい」と指示され、その通りにしたそうです。すると愛犬は、おしっこを漏らすほど怖がってしまいました。お互い大好きでベタベタな関係だったのが、何と1か月もそばに近づいてくれなかったといいます。彼女のショックは相当なもので、愛犬も同じことだったかと思います。

そもそも犬が人に飛びつくのは、相手に対して警戒心がなく好意的にふれ合いたいからというケースがほとんどで、うれしくてやることが多いと思います。「人間の顔のそばに自分の顔を持っていってあいさつしたい」のではないかなと、私は考えています。犬同士のあいさつにおいても、顔と顔を突き合わせたコミュニケーションは非常に大事です。

人間は2本足で立っているため、顔は犬よりかなり上のほうにあります。犬が人に顔を近づけるには、まさに〝飛びつく必要がある〟のです。人が四つんばいになってあいさつしたならば、きっと飛びつくことはしないでしょう。ただし遊んでくれるものと思って、犬同士が遊んでいるときやるように、遊びとしての飛びつきをされるかもしれませんが。

犬が怖がっている場合には、慎重に距離を取り、捕まえられないくらいのところから吠えかかってくることが多いですが、なかには飛びかかって噛みついてくる場合もあります。そのとき、彼らは侵入者に対して不快感を表し、「入ってくるな！」というメッセージを発しています。それは決して相手に飛びかかってバカにしている、などと余裕があるものには見えません。伝わってくるのは極度の恐怖と必死さです。

飛びつきに関しては、どんなに犬が好意的だったとしても、相手（人）を転ばせてケガをさせたら問題になってしまいます。個人的には、私は犬に飛びつかれるのは好きなので、転ばないように上手に受けたいと思います。もし転んで床に転がることになったら、それは楽しい遊びになることを覚悟しなくてはなりません（犬は大興奮して喜ぶはずです）。そして、「人を転ばせたら、とても楽しいことが起きる！」と学習させてしまうことになるでしょう。

上手に相手ができる人ならよいのですが、お年寄りや小さな子どもに対しては、とくにしっかりとした管理が必要です。両者とも安易に犬と接するのは危険です。もし飛びつこうとしている相手が知らない人だったら、リードでコントロールして、犬だけに我慢させるというより接触自体を避けるべきです。接触していいのは、もし飛びつかれて転んでしまったとしても、犬のせいにしないで自分で対処し、責任を取れる人に限ります。

トレーニングで「飛びつかないで座ればいいことがある」と教えるのも可能ですが、「座ってくれるかわいさ」と「飛びついてくれるかわいさ」は、また別物だと思っています。

危険!
OK
危険!
OK

しつけの常識、ここがヘン!? 11

犬の要求に応えると、飼い主より上だと思うようになる

飼い主が犬の要求に応えれば、犬は「要求に応えてくれる」と学習するだけです。上下関係は生まれません。なので、学習されると困る行動に関しては、要求に応えないほうがよいでしょう。しかし「犬がその行動をしたい」という気持ちは理解しておかないと、ストレスを増やすことになるので注意が必要です（P48参照）。

要求に応えることを「甘やかす」というふうに表現する人も少なくありません。「甘やかす」という言葉に該当する具体的な行動は人によってさまざまかと思うので、私の立場（飼い主さんに、犬のしつけや犬との付き合い方をアドバイスする）からは、具体的にどういった行動のことをいっているのか、明確にしてもらう必要があります。

飼い主さんが「甘やかす」と表現するもののひとつに、「抱っこをせがまれて抱いてしまう」という行動があります。私は、「抱っこしてほしい」と要求されるのは、飼い主としての醍醐味ではないかと思います。あなたをそれほど必要としてくれる人が、ほかにいますか？（笑）あなたが好きで、あなたに抱かれることが心地よいということを、犬は伝えてきているのです。そうされたら、飼い主としてはうれしくありませんか？ 私はすごくうれしいと感じて、自分が必要とされていることに対して満足感を覚えます。できるだけ心地よく抱いてやろうと、腕や足がしびれても我慢することさえあります。

抱っこできないときもあるでしょうが、犬たちはたいてい、抱いてくれる可能性があるときに要求してくるはずです。飼い主側が今はできないと判断するのでしょうが、ちょっと考え方を変えればできるのではないかと思います。

わが家のフーラは、私がパソコンでデスクワークをしていると、抱っこしてほしくてそばにやってきて、「ピィ」と鳴いてみたり、それでもこちらが反応しないと前足でカリカリやり、「ワン！」と吠えて主張します。「今お仕事してるんだよ」

などと言い訳してみますが、それはキーボードが打ちにくくなるとか腕がしびれるとか、〝ちょっと我慢すれば抱けないこともない状況〟が多いものです。犬もちゃんとわかっていて「抱っこしろ」といっている、と考えてもいいのではと思います。

あとは、私が何か食べていて、前にもらったことがあるものだと「自分ももらえるはずだ！」と主張します。そんなときは当然シェアします。自分のぶんは減りますが、シェアする喜びのほうが大きいからです。犬たちの（一瞬ですが）うれしそうな表情を見て感じる幸せは、何物にも代えがたいように思います。

「犬に呼ばれたらすぐにそばに行ってしまう」というのも甘やかしになるそうですが、何がいけないのでしょう？「必要としてくれたら、すぐにそばに行くこと」は悪いことではありませんし、甘やかしているとも思いません。だいたい、「飼い主さんがちゃんと行けるとき」に呼ばれているはずです（笑）。

「呼ばれる」＝吠えるというケースでは、それに応えると吠える行動が強化されるので、「吠えるようになる」という学習がされます。それが不都合な場合には応えないほっがよいのですが、それは「犬にバカにされてしまうから」ではなく、人にとって都合が悪い行動を学習されるから、という理由によるものです。

犬の要求に応えると飼い主が下になる、などということは、犬たちは考えていません。この人は、「応えてくれる人だ」、「今なら応えてくれるんだ」と学習するだけなのです。

※ハズバンダリートレーニングのセミナーを開催する青木愛弓先生（動物行動コンサルタント）は、「ドッグトレーナーも飼い主さんも学習理論を勉強すると、愛犬たちをもっと理解できるようになる」とおっしゃっています。愛犬がなぜその行動をするのか、正しく理解しておくことが必要

※ハズバンダリートレーニング（受診動作訓練）……動物園や水族館において、動物がストレスを感じることなく採血や検温の作業、緊急時の投薬や治療がしやすいような行動をするよう教える訓練。

なのは、私もレッスンで飼い主さんと接していて感じます。犬の行動は必ず飼い主さんの反応と相互作用しており（P62～参照）、その行動を犬がしようとする刺激が必ずあります。バカにしている」とか「下に見ている」（擬人化しすぎた表現かと思います）から、その行動が出るのではないと私は理解しています。

しつけの常識、ここがヘン!? 12

犬は、飼い主の横に ぴったりついて 歩かなければならない

「リーダーウォーク」という言葉がありますが、ご存じでしょうか。いつごろ誰がいい出したのか？　何とも不思議なネーミングだなあと思っています。具体的にはどんな意味かというと、「犬が飼い主の横について歩くこと」を指すようです。訓練競技会などで見かける脚側(きゃくそく)歩行（ハンドラーの真横にぴったりついて歩くこと。場合によってはずっとハンドラーとアイコンタクトをする必要がある）のことでしょうか？

　たしかにそういった競技会では、ハンドラーと犬のペアがすばらしいパフォーマンスを見せてくれます。呼吸がとても合っていて、楽しそうに見えることも少なくありません。その姿は「リーダーとそれに従う犬」というよりは、まるで2人でダンスをしているような、お互いがリードしてリードされることを楽しんでいる。そんなふうに見えます。

　そういう意味での〝リード〟なら、「リーダーウォーク」というネーミングも理解できます。しかしレッスンで飼い主さんとお話ししてみると、「飼い主がリーダーになり、犬を服従させながら横につけて歩くこと」と理解されているケースも少なくないようです。だから、「犬が飼い主より前に行くのは、飼い主をリーダーと見ていないから／バカにされているから」などという解釈が生まれるのだと思います。

　競技会でのパフォーマンスであれば、集中すべき時間が決まっているので、前述のように楽しむことも可能でしょう。しかし、お散歩ならもっと長時間＆長い距離のことが多いですし、そもそもお散歩をするのは、2人でパフォーマンスをするためではないと思います。人に見てもらうためにするものではありませんし、誰かに評価されるものでもありません。飼い主さんと犬で、お互いの存在はもちろんのこと景色や空気、音やにおい、すれ違うさまざまなものを一緒に楽しむのが散歩なのではないでしょうか。

「リーダーウォークをして、飼い主が犬より上だと教える具体的な作業」としては、リードが張ったら止まる、犬が引っ張ったらUターンする（逆方向に行く）、Tターンする（横に曲がる）などがあります。でも実際これを試した飼い主さんからは、「犬が散歩で歩かなくなった」、「散歩を嫌がるようになった」という声を多く聞きます。

UターンやTターンは効果が出ることもあるようですが、ターンの仕方やタイミング、テンポ、声のかけ方、犬との関係（飼い主＆愛犬、ドッグトレーナー＆犬）、さらには犬種や犬の性質、年齢にも非常に影響を受けるものです。ですから、一般の飼い主さんがやってみるにはかなりハードルが高いと思います。

大切なのは、犬と飼い主さんが「一緒に歩くこと」。そのためには、お互いが楽しくなければなりません。もちろん、社会や他人への迷惑がないようにするのは最低限のルールですが、そうでないなら「人が犬を服従させて歩かなければならない」という考え方は窮屈すぎると思います。

ただし、力でかなわない大型犬を飼っている場合には少々事情が異なります。歩き方をしっかりと教えなければなりませんが、やはりそこに服従することが必要だとは思えません。

犬の「どうすればいいの？」に、飼い主が余裕を持って応えることが大切なのです。心がつながったら、そういう散歩ができるようになります。そのためには、犬に伝える力の強さも必要です。しかし（繰り返しますが）その力の後ろに「支配」という意識は必要ありません。「私には、いざとなったらあなたを守れるだけの力がありますよ」という気持ちを持ってみてはいかがでしょうか？

しつけの常識、ここがヘン!? 13

リーダー（飼い主）がテリトリーを支配するものだ

ドッグテックインターナショナルで研修をしていたころは、確かにそう教えられましたし、納得もしていました。「Ｄｏｇｇｙ Ｌａｂｏ」を立ち上げてすぐの時期は、「家の中で犬が入れない部屋を作りましょう！」と指導していたくらいです。すべての部屋に行くことができるのは飼い主だけであり、そうすることで犬たちから〝アルファ〟だと認められる、という教えでした。

しかしその後、入れない部屋がある犬はただ「入りたいなー」と思っているだけなのではないだろうか、と考えるようになりました。クロノスがわが家に来るまでは、犬たちはすべての部屋に出入りすることができました。しかし、クロノスが倉庫として使っている部屋や脱衣所にあるランドリーボックスにマーキングをするようになり、これにはちょっと困りました。そこで被害を小さくするためにフェンスで仕切って、それらの部屋には犬たちが行けないようにしたのです。しかしだからといって、それから犬たちの私への〝服従〟が強くなったということはありませんでしたし、たまにフェンスが開いていて行けるときがあっても、「わーい！」といった感じで楽しそうなだけです。「自分も行けたんだからいばってやろう」、「自分も（飼い主と）同等だ」と思っているようにはまったく見えません。

レッスンで飼い主さんの家を訪ねたとき、ドアホンを鳴らして中に入ると、ものすごい勢いで吠えられることも少なくありません。「なわばり（テリトリー）を守っている」という説がありますが、吠えている姿からはとてもそうは思えません。そんな余裕のかけらもなさそうですし、明らかに私を怖がって、勇気をふりしぼって吠えかかっているようにしか見えないのです。それからレッスンで滞在するあいだ（１～２時間）、最後までそばに来られない子もいれば、おやつをもらったらもう仲良くなれる子もいます。彼らは本当になわばりを守っているのでしょうか？ 知らない人が囲われた空間の中に入ってきたために様子をうかがい、安全かそうではないか探ろうとしている、そんな感じなのではないでしょうか。

最近はレッスンの対象を室内飼いの犬のみにしたのでめったにありませんが、それまでは外飼いの犬の相談を受けることがありました。とくに日本犬が多かったのですが、どの犬も庭から家の中をのぞいている姿を見ると、やっぱり飼い主さんと一緒にいたいんだろうなと思ってしまいます。日中は駆け回って楽しんでいたとしても、ごはんを食べるときや寝るときは一緒にいたいのではないでしょうか。わが家の犬たちを見ていると、「家の中でもできるだけ同じ部屋がいい」と思っているようで、本当に愛おしく感じます。

保護犬を迎えた飼い主さん宅のレッスンでのこと。※預かりさん宅では、基本的に外飼いながら雨が降った日は室内に入れてもらっていた犬が、新しい家庭では雨が降っても入れてもらえず、悲しそうな顔をして家の中を見つめていました。その表情に、思わず胸がしめつけられました。犬だって、ちゃんとわかっていると思うのです。

外で飼う人たちは、子犬のころはかわいそうだと思うのか、ある程度の月齢や年齢になってから外に出すことが多いようです。たしかに、犬は我慢したりあきらめることができるので、出されてしまったらそれを受け入れる犬も多いでしょう。でも、「家の中でみんなと一緒にいられるのと外ではどっちがいい?」と聞いたら、家の中に入りたいというのではないかと思います。もちろん、「自分は中に入れないから下なんだ」とか「飼い主のほうが偉いんだ」とは考えていないと思います。

ただ入れてもらえない、そばには行けない、会いたいときに会えない。そう学習して、あきらめているのでしょう。そこのところを、ぜひ理解してあげてほしいと思います。

※預かりさん……個人や保護団体で保護された犬たちを、新しい飼い主さんが見つかるまで自宅で面倒を見る人たちのこと。

ワン

しつけの常識、ここがヘン!? 14

犬が邪魔な場所にいたら、**どかさなければいけない**

私が自分で犬を飼い始めたころ（1997年ごろ）に読んだ犬のしつけ本には、「犬が邪魔なところにいたら、飼い主がどかさなければいけない」というようなことが書いてありました。私も当時はまだ2000頭以上の犬たちから教わった経験もなく、「そんなことがあるのか」と一度は納得していました。

その後、犬たちと接すれば接するほど、彼らはそんなことは考えていないことがわかってきました。なぜわかってきたのかというと、（今思えば）アニマルコミュニケーション的な感覚で彼らからのメッセージを受け取れるようになってきていたのだろうと思います（P92参照）。あるときから、「犬のしつけ」と呼ばれている常識の多くが、バカげたものに思えてきました。犬たちを見ながら、「彼らはそんなことこれっぽっちも思っていない」と感じるようになったのです。

なので、「犬が邪魔な場所にいたらどかさないと、飼い主は犬より下になる」などという常識（？）は、バカバカしいと感じます。もし犬たちが私の進路をふさいでいたら、またげるならまたぎますし、難しそうだったらどいてもらいます。犬たちも、私を飛び越えるときもありますし、踏んで行くこともあります（笑）。お互い回り道があればそちらを通ったりしていますが、そこに「上下関係」はありません。

K9ゲーム（犬とペアになって楽しむゲーム）の種目に、「犬を伏せさせてその上をハンドラーとしての飼い主がまたぐ」というものがあります。慣れないうちは、怖がって立ち上がってしまう犬も少なくありません。そういう場合は、「大丈夫だよ」という気持ちを込めながら練習し、慣らしてあげながら、飼い主が上をまたいでも怖くないという自信をつけていきます。こっち（飼い主）がまたぐ（つまり下になってあげている）のに、なぜ犬は怖がるのでしょう？　なんていうバカげた質問は控えることにします（笑）。

私は犬たちをどかさずにまたぎ続けていますが、犬たちが上になったと感じたことはありません。15年間にわたって2000件以上受けてきた飼い主さんからの相談を思い返しても、「犬をまたいでばかりいたら犬が上になってしまった」というものはありません。同様に、「必ずどかすようにしていたら自分が上になれた」という話も聞いたことがありません。

「どかそうとしたらうなられた」という話はありますが、気持ちよく寝ていたところをどかされるわけですから、ここは犬の気持ちがよくわかります。どかさなくたって飼い主さんがそこを通れるのにそんな余計なことをしたら、犬だって嫌な気持ちになると思います。一緒にいて何て不快な存在だ、と思われるかもしれません。そうなったら、あなたのそばでリラックスして寝てくれることがなくなるかも？　それはさびしいことではないでしょうか。

P36～にも書きましたが、猫を飼っている友人は「できるだけ猫たちのストレスを減らしてやりたいと思って付き合っている」そうです。彼女の家に行くと、椅子に猫が座っているときは、別の椅子を持ってきてくれるか、別の椅子がない場合には私は椅子に座らせてもらえません（笑）。冬は床暖房が入っているし、床の上も快適です！　つまり彼女は、こちらの都合で猫をどかそうなんていう発想はまったく持っていません。おそらくほとんどの猫の飼い主がそうだろうと、友人は確信を持っています。試しに「猫をどかさないと、〝猫の下〟にならない？」と聞いてみたところ大笑いされ、「下で結構！」とのこと。猫の飼い主と犬の飼い主、この心の余裕の差は、どうして生まれるのでしょうか。

しつけの常識、
ここがヘン!? 15

甘噛みはやめさせなければならない

甘噛みについてはP32〜でも書きましたが、大事なことなのでここでも取り上げたいと思います。

まず、甘噛みの定義を再確認しておきましょう。世間一般では、「(飼い主が)あまり痛くない噛みつき=甘噛み」、「痛い噛みつき=本気噛み」と分ける見方があるようですが、私はその分け方は間違っていると思っています。

●遊びたい、かまってほしい、うれしいというメッセージを伝えている=甘噛み

●怖い、やめてほしい、不快というメッセージを伝えている=本気噛み

というのが正しいのではないでしょうか。この「本気噛み」も、適切な言葉ではないように思います。甘噛みだって、本気で遊んでほしくて噛んでいるわけですから、そういう意味では「本気噛み」です。なので、今使われている「本気噛み」は、「やめて噛み」とか「嫌だ噛み」というのが近いでしょう。

「甘噛み=あなたが好き! 遊ぼう!」というメッセージです。それに対して正しく会話をするならば、どういう対応がいいのかわかるはずです。これに対して叱れば会話はメチャクチャになり、犬とよい関係が作れるはずがありません。

犬「遊ぼう!」
飼い主「こら! いけない! ダメ! NO!」
犬「???」

これでは会話が成り立っていませんね? 犬が遊ぼう!と親和の感情で近づいてくれているのに、人は拒絶で返していることになります。犬と仲良くなりたいと思っている人がやることではありません。

ただし、痛いほど噛まれるのを我慢するのは辛いので、加減は教えなければなりません。3か月齢くらいまで親きょうだいと一緒にいられるブリーダーから直接購入する場合なら、そのあいだに犬同士で加減を学んでいることが多いでしょ

う。しかし、ペットショップから購入するケースでは、まだ乳歯が生えそろっていない時期に親きょうだいから離されてしまう可能性があるので、力加減を学んでいないことがあります。そういうときは、人間が教えなくてはなりません。叱るのではなく、教えるのです。教えるとは「相手が理解できるように伝える」ということです。

なので、「遊ぼう！」→「痛い！」という会話はアリです。痛かったら「痛い！」と伝えればいいわけで、それは拒絶とは異なります。「痛い」といわれた子犬は、力が強く入りすぎたことを自覚し、加減を覚えていくのです。これは本来、犬同士の遊びで学ぶことです。

しかし、「飼い主さんが痛かったら大きな声で『痛い！』といえ」と、本やインターネットの情報に書いてあるので、「やってやろう」と意識をした段階で、それは演技になります。「いわなくちゃ」と思って「痛い！」というのは演技なのです。

演技といえば、女優をしている友人がいるのですが、彼女のお芝居を見に行ったとき、夫に対して怒りをぶつけるシーンがありました。すごい迫力で、ふだんの彼女からは想像できないほどでした。後で話を聞いたら、それほど怒るシーンを演じた後は、楽屋に戻ってもしばらく怒りの感情が収まらないそうです。ある有名な女優さんは、役を演じると私生活でもその性格が残り、次の役が決まるまで引きずるともいっていました。

何がいいたいかというと、プロの女優ともなれば、「痛い！」という演技も犬に通じるでしょうが、レッスンで見るほとんどのケースでは、飼い主さんの演技はバレバレ。それなりに痛いのでしょうが、「痛い」といわなくちゃ！という思いが先に立ち、いわれた犬のほうは、ますます興奮して噛んでくる、という現実を目の当たりにしてきました。ですから、甘噛みが痛いのはできるだけ我慢しておいたほうが、本気で痛かったときに「痛い！」といえるような気がします。その本気は必ず子犬に伝わります。
また、甘噛みは本気噛み（怖かったり、嫌だったりしたときに強く噛みつくこと）につながるという説がありますが、それは間違いです。
ここで、「絶対にやってはいけない甘噛みの対処方法」をお教えします。

●甘噛みをしたら、マズルを「キャン」というまで握る
●甘噛みしたら、あごの下の毛を「キャン」というまで引っ張る
●甘噛みしたら、指を口の中に「ゲッ」と言うまで突っ込む
●甘噛みしたら、思いっきり鼻ピンする
●甘噛みしたら、舌を引っ張る
●甘噛みしたら、あごを下から思いきりたたく

こんなことをしたら、犬は必ず人の手を嫌いになります。嫌なことをするのですから、そう学習するのは当たり前です。どれかひとつでもやった場合、逆に激しく噛むようになる危険性が大きいので、ご注意ください。もし、やってしまった！という飼い主さんがいたら、関係修復にかかる期間は、「愛犬がどのくらいで許してくれるか」によって決まると思ってください。

小さなトイ・プードルの男の子・ノエルは、甘噛みをして「遊ぼう」というメッセージを送ったのに、ドッグトレーナーによる「しつけ」という名の虐待によって、命を奪われそうになりました（P12〜参照）。幸い命はとりとめましたが、彼はすさまじい恐怖体験から、相手を血だらけにするほど噛むようになってしまいました。甘噛みをやめさせようとして、逆にひどく噛むようになったのです。

人間だって、あまりに怖い体験をしたらもう二度とそういう目に遭いたくないはず。だから自分を守るために防衛するのは自然なことです。ノエ

ルは、自分のボディランゲージに自信を取り戻してくれるでしょうか。甘噛みは「遊ぼう」というメッセージだという習性は、元に戻ってくれるでしょうか？

私が飼い主さんにお願いしたのは、何もしない仲直りでした。飼い主さんは私のアドバイスどおりに、辛抱強くノエルによりそい続けてくださいました。そして先日、こんなうれしいメールが届きました。

ノエルは相変わらず、よく食べ、よく吠え、元気です。じゃれて甘噛みしますが、ちゃんと加減をして噛んでいます。そのときは本気になって遊んであげます。テンションが上がって強く歯が当たったときは、「痛いよ～」というと（ごめんね）といった感じでちょっと離れて様子をうかがっています。

しばらく経って、「さあ、こい！」というと耳を立てて走ってきます。この反応がかわいい（親バカです）！　歯をむいて吠えるノエル特有の愛情表現も健在です。

抱っこもしない、お散歩も行かない〝不思議な関係〟に見えるかもしれませんが、お互いが「そこにいる」を感じていられることで十分です。

先生のおかげで、今ノエルと楽しい日々を過ごしています。ノエルを薬漬けにしなくて良かったと、感謝しています。

とてもひどいことをされたのに、ノエルは人間をまだ信頼してくれるのです。アメリカンインディアンの教えにあるように、人間は、動物からまだまだたくさんのことを学ばなくてはならないようです。

うおっ!
イタイ〜!
・・・

しつけの常識、ここがヘン!? 16

おかしな「主従関係チェックリスト」を斬る！

リスト⑪ 名前を呼んだらすぐくるか

名前を呼ぶのは「1回だけにすること」が重要だそうです。何度も呼んでやっと反応するようなら、主従関係が逆転しているらしいのですが、わが家のアトラスがまさにこれに当てはまります。といっても、1回ですぐに来るときと、何度呼んでも来ないときがあります。

たとえば私がキッチンにいるときは、1回呼んだだけで飛んできますし、呼ばなくても来ることさえあります。その場合は、心が通じたと思っています（笑）。私がリビングで何かを食べているときに呼んでも飛んできます。逆に私がデスクにいるときは様子をうかがって、「何の用だろう?」と、見きわめようとしているようにも見えます。

何度呼んでも反応が悪いときもあります。それは犬たちが食事を終えて、順番にひげを洗うときです。ひげを洗う順番はいちばん年上のアクセルからではなく、ひげの長さや性質を考慮してアトラスが最初です。ひげが長く、手作り食がひげ全体についてしまうので、放っておくといろんなところになすりつけてしまい、被害が大きくなるからです。容器にお湯をためて、歯ブラシ、スリッカーブラシ、マウスウォッシュ、目薬、ティッシュなどを用意してから呼ぶのですが、当の本犬はなかなか来る決心がつきません。目は合いますが、明らかに嫌そうです（笑）。そういうときは「やさしい声で呼ぶように」なんて飼い主さんにはアドバイスしていますが、実際は少し強い声で呼ぶと、しぶしぶ近づいてきます。頭は下がり、気分はどんよりといったところでしょう。でも、そんな姿もとても愛おしく感じてしまうのです。

レッスンでは「呼んでから嫌なことをしないように!」と指導していますが、これは嫌なことをするのに呼んでいます。このケースは飼い主と愛犬との関係にも影響しているかと思うので、一概に「嫌なことをするときも呼んでいい」とか「呼んでも関係は悪化しない」とはいいにくいです。

私とアトラスの奥深い関係があってこそこのことで、彼は悩んで、仕方なくそばに来る選択をしていると感じています。
　こちらとしても、嫌なのに来てくれるわけですから（もちろん、終わってからのごほうびが目当てでしょうが）、来てくれたときには十分ほめてひげを洗い、ごほうびをあげます。わが家には5頭の犬がいるので、全員終わったらさらにみんなにごほうび、というルールにしています。こうすることによって、みんなが終わるまで何となくそばにいてくれるのです。アトラスが終わったらフーラの番。嫌なんだけどごほうびがほしいのでしぶしぶ来る、というその姿は、本当に愛おしいのです。呼ばれたらすぐにビシッと来るより、心と心がつながっているような、そんな感じがするのです。
　もっとも犬は、メリットが明確なほどすぐにそばに来てくれると、私は思っています。犬種によっては飼い主と何かをすること自体がごほうびになっていたり、高度な防衛訓練などでは、正しく噛ませること自体がごほうびだったりするそうです。呼ばれたらすぐに来るのは、「主従関係ができているから」ではなく「行ったほうがいいことがあることを学習しているから」と考えるのが正しいのではないでしょうか。逆に来ないのは、飼い主をバカにしているのではなく、「行ってもいいことがあると学習していないから」、ただそれだけなのではないでしょうか。そして行きたくないという気持ちを表現できるのは、犬が「行きたくない」という気持ちを示しても壊れない関係があるということ。そんなことでは壊れない絆が結ばれていると犬も理解している、ということではないでしょうか。

リスト② 犬の体をさわれるか

これも主従は関係なく、信頼の問題だと思います。まずは自分で考えてみましょう。人が体をさわられる場面ですぐに思いつくのが病院で診察を受けるときです。そこにあるのは、医者と患者の主従関係でしょうか？　そうではなく、信頼関係ですよね。場合によっては痛いところをさわられたり、針を刺されたりするのに我慢できるのは、医者は治療のためにそうしていると、私たちが信じられるからではないでしょうか。体のどこでもさわってもらい、多少痛くても医者にいきなり殴りかかったりすることはありません。歯医者さんなら口の中に手を入れさせて、歯を削らせる、それも痛いです！　耳や鼻の中に器具を入れさせる、針で体に液体を注入させるなど、どれも信頼できない人だったらとても無理なことばかりです。

犬たちも同じだと思います。「この人は痛いことはしない」、「嫌なことはしない」と思ったらさわらせてくれるでしょう。多少痛かったとしても、信頼関係が深くなればさわらせてくれるし、犬たちは我慢してくれる、そう思っています。

自分の責任において飼った最初の犬・ロックは、6歳半で病気を発症し、毎日注射をしなくてはなりませんでした。毎日動物病院に行くのは大変なので、私が打てるように教わって、朝晩注射をしていました。たまに刺さりどころが悪かったのか、小さな声で「ヒャン」と鳴かれることがありましたが、その声の小ささは今思い返しても驚きです。明らかに〝我慢している〟声でした。ロックと私の絆は深く、私以外の誰にもこれほどの信頼を寄せることはありませんでした。

体をさわらせてくれるか否かは、生まれつきの性質や幼犬のときの環境や経験などにも影響されると思います。もともと慎重で神経質な犬はあまりさわらせてくれないですし、逆に大らかで少々鈍感と思われる犬は平気でさわらせてくれるでしょう。

生まれてからの後天的な学習からも影響を受けます。さわられた経験が少ないとさわらせてくれないことも多いと思いますし、さわられてトラウマになるほど痛かったり、恐怖や不快を感じたりすれば当然難しくなります。そうなると主従関係というよりは、経験からの学習によるもので、犬にとっては「身を守るために拒否する」ということになるでしょう。

リスト③ 指示には1回で従うか？

犬に何か指示を出して、「一度で従えば主従関係ができている」という考え方があるようですが、私はそうは思いません。これまでたくさんの犬たちと出会ってきて、興奮しすぎて指示がまったく伝わらないほどの犬もいましたし、あまりにいろんなこと（芸など）をさせられているので、やれることすべてをやってみる犬もいました。その様子を思い浮かべると、主従関係は関係ないと思えます。あるいは、飼い主の指示がわかりにくくて、何をやったらいいのか、見ている私もわからなかったこともあります。なので、あまり「1回」にこだわらないほうがよいと思います。それより、1回で従ってくれない関係を楽しむくらいの余裕があってもいいのでは？とさえ思います。そもそも、その「指示」は本当に犬がやる必要があるのでしょうか。

たとえば「オスワリ」と指示して、犬が1回でやらなかったとします。そもそも座ることの必要性がどのくらいのものなのか、もし犬が「別に今座らなくてもいいんじゃん?」と思ったら座らないかもしれません。そのとき、犬は飼い主に服従していないのでしょうか。私には、「状況判断が的確にできる賢い犬」に見えるのですが。

こういう犬は、日本犬に多い気がします。意味のわからないオスワリやフセなどの反復には、彼らは従おうとしません。雑誌の記事で、柴犬の猟犬の話を読んだことがありますが、日本犬には狩りのトレーニングはあまり必要ないそうです。飼い主が邪魔をしないで上手にサポートできたら、犬たちは自然と狩りの本能に目覚めるそうで、人はそれを見守ればいい。何ともステキな関係ではありませんか!

リスト④ リラックスポジションをとれるか?

「リラックスポジション」とは、飼い主が両足を伸ばして、その上に犬を仰向けにして乗せるものです。お腹は犬の弱点なので、「ここを見せるのは飼い主に服従しているから」なのだそうですが、実際にやってみてください。私にはどうしても服従しているようには見えず、「リラックス」という名の通り、ただ完全に気持ちよさそうにしているように見えるのです。本当に気持ちよさそうなので、私もうれしくてなで続けるのですが、手を休めると目を開けて前足をちょいちょいして、「もっとやれ!」と催促します。こうなると、ど

ちらが「主」でどちらが「従」なのか？（笑）犬たちは、「弱点であるお腹を出してもこの人は嫌なことをしない」という信頼のもとに、お腹を出しているのではないでしょうか。それはとてもほほ笑ましい、信頼関係の姿だと思います。

このとき犬がリラックスできていればいいのですが、子犬のころ成犬にひっくり返されてお腹を見せるという経験をしていない（もしくは少ない）犬は、お腹を出すことを不安がります。犬を〝無理やり〟ひっくり返してお腹を出させるのは、よいことではありません。押さえつけて恐怖を与え、あきらめさせることで得られる関係が、人と犬のあいだに必要でしょうか？

犬が不安がっていたら、飼い主は「大丈夫だよ」と声をかけて、だんだん慣らしてやることが大切です。犬に負けてはいけない！という気持ちで、飼い主さんが無理やり押さえつけることではないはずです。信頼関係ができあがったからこそ身を預けられるようになる、私はそう思っています。

なかには、子犬のころにお腹を見せたことがなくて、やらせてみたらとても怖がり、失禁してしまう犬もいます。いわゆるドッグスクールと呼ばれる施設でそうした場面を見せられて、ドッグトレーナーになるべきか否か迷ったことがある人を知っています。まるで犬との会話ができておらず、情けない限りです。怖がっていたら、無理にやらせる必要はありません。そんなことをしなくても信頼関係は作れますし、犬はいうことを聞いてくれるようになります。現に、私は愛犬のうちのどの子にも一度も無理強いしたことがありません。でも、とてもよい関係だと思っています。

ドッグトレーナーから愛犬にリラックスポジションをとらせるよう強いられ、「犬に負けるな！」といわれ、嫌がって暴れるのを押さえつけたところ噛むようになってしまった、という話もよく聞きました。主従関係を作るはずが、飼い犬に手を噛まれる事態になったのです。もっと心で、犬と会話をすべきです。そんなことで、犬たちは私たちを「主」としませんし、そういう人に「従いたい」とも思わないでしょう。犬たちは、一緒にいてうれしい人のいうことに従いたいと思うのではないでしょうか？

リスト⑤ 問題行動があるか？

日常生活で問題行動があるのは主従関係ができていないから、という見方がありますが、それはおかしな話です。犬がその行動をするのは、主従関係というひとつの原因によるものではなく、その行動を引き出すさまざまな刺激と、それに対しての学習があってのことなのです。そもそも、「問題行動」とはどういう行動を指すのでしょうか。一般的に問題行動と呼ばれているものを調べてみると、どうやら「人間社会のルールを犬が守れないこと」、「人にとって都合が悪い行動」を意味しているようです。それは本当に〝問題〟行動なのでしょうか？ 犬の習性を無視して我慢させたり押さえつけたりすることは、本当の意味での共生と呼べるでしょうか？

人が「問題行動」と呼ぶ行動は、ほとんどが「人にとって都合が悪い行動」という意味かと思います。人が問題だと思うだけで、犬にとっては自然な行動がほとんどです。しかも、その行動をする理由はちゃんとあるのです。飼い主の接し方から学習していることも多いのですが、飼い主側は、自分がその行動を引き出しているとはなかなか気づきません。そこで、プロのサポートが必要になるケースがあるのです。

犬の行動には意味があります。それを問題行動と呼んで、犬だけが悪いとする時代はもう終わってほしいのです。何でもかんでも問題行動、とひとくくりにするのではなく、ひとつひとつの行動に意味と理由があり、その行動ではなくほかの行動をしてもらう方法がちゃんとあるのです。犬の自然な行動を「問題行動」と呼ぶことこそ、「人の問題行動」なのではないでしょうか？

3

COLUMN

アメリカンインディアンの話

アメリカンインディアンの教えについて知ることになり（P26〜参照）、それは私のなかでとても大きなものになりました。その教えのひとつに、「もっと注意深く、周りにいる動物、木、草花、場所を観察しなさい」というものがあります。そして、それらに対してどうふるまうことが正しいのかを見出せと。「それが見出せたら、人として正しい生を生きられる」というのです。

まずはお気に入りの動物を決めるのですが、この本を読んでくださっている方にとって、多くは犬になるかと思います。その犬たちの汚れなき無垢な生き方を学べと教えているのです。鳴き声や行動の意味を理解するよう人は努力すべきで、そこから人としての生き方を学ぶのです。もし、人と犬が簡単に会話をすることができたなら、愚かな人間は本当の意味で学ぶことができないかもしれない、だから言葉が交わせないように、ワカン・タンカ（偉大なる宇宙の力）が計らったというのです。

だからこそ人は、努力して彼らの言葉を理解するようにしなくてはなりません。人が話す「言葉」とは違いますが、彼らはちゃんと「言葉」を持っています。飼い主として、家族として、パートナーとして、それを理解したいと思うのは当然のことです。

しかし、「しつけ」や「トレーニング」と称して、私たちはあまりにも、人間側の都合でその生き方をこちらに合わせるよう強制しすぎてはいないでしょうか。もちろん、特別な作業をさせるときに指示は必要ですし、犬たちもそれを楽しむことが可能です。しかし、普通に家で暮らす場合、人間に合わせて彼らの行動を変えることを求めすぎたら、彼らのその魅力的な無垢な生き方を見ることはできるでしょうか。彼ら本来の姿を見せる機会を奪うことにならないでしょうか？


アメリカンインディアンの教えに、もうひとつ気に入っているものがあります。それは、〝ひとびと〟という考え方です。彼らは、母なる大地に存在するすべてのものを、自分たちと同じという意味で〝ひとびと〟と呼びます。ただし、それが何を指すのかがわかるように、ひとびとの違いを表す言葉をつけます。たとえば、鳥は「翼を持つひとびと」、魚は「水に生きるひとびと」というように。空気は「風のひとびと」、木は「根を持つひとびと」です。では、人間と動物は何と呼ぶのでしょう？ その答えは、

「足を2本持つひとびと」

「足を4本持つひとびと」

です。私たちと彼らは足の数が違うだけ、というふうにアメリカンインディアンは考えているのです。それほどの違いしかないんだよ、という意味です。そこには、ど

ちらがどちらを支配してよい、などという考え方はありません。

ラコタ族の言葉に「Mitakuye Oyasin（ミタクエオヤシン）」という言葉があります。直訳すると「私につながるすべてのものよ、すべてのものは私につながっている」という意味です。この言葉の説明を『自分を信じて生きる—インディアンの方法』（松木正著／小学館社刊）より引用いたします。

あらゆるひとびとはみな、大地の子どもであり、地球というコミュニティの住人である。つまりそれは、共に共存していくために同じだけの「権利」と「責任」があるということだ。

権利とは、幸福に生きる権利で、草木の一本一本も、風も、人間も、同じ『ひとびと』として同じだけ幸福に生きる権利があるということだ。またその生命の重さも同じで、それゆえに一人ひとりの幸福に生きる権利と尊厳を大切にし、調和を保つ責任がある。

それが、ミタクエオヤシンという考え方だ。

これはまさに、「人間は動物を支配していい」とした西洋の支配思想とはまったく逆の考え方になります。私たちは、犬たちが犬として幸福に生きる権利を保障してやれているでしょうか。犬たちが犬として生きる尊厳を大切にしてやれているでしょうか。今の「人と犬の共生」は、調和を保っているといえるでしょうか。私たちは、愛犬とちゃんとつながっている、と自信を持っていえるでしょうか？

今、一緒に暮らす犬という種とつながり、人間のあるべき姿、すべきことをもう一度見直すときが来ているのではと強く感じています。相手を自分の理想に沿うように変えようとするのではなく、ありのままを受け入れて自分が変わることが、本当の意味での幸せなのではないでしょうか。

参考文献

『自分を信じて生きる―インディアンの方法』松木正著（小学館）
『中川志郎の子育て論』中川志郎著（エイデル研究所）
『動物と向きあって生きる』坂東元著（角川学芸出版）
『旭山動物園革命―夢を実現した復活プロジェクト』小菅正夫著（角川書店）
『マッキンレー山のオオカミ』アドルフ・ムーリー著（思索社）
『動物感覚―アニマルマインドを読み解く』
　テンプル・グランディン、キャサリン・ジョンソン共著（NHK 出版）
『犬はあなたをこう見ている―最新の動物行動学でわかる犬の心理』
　J・ブラッドショー著（河出書房新社）
『愛犬のトラブル解消のためのブリーフセラピー』若島孔文著（アルテ）
『Beyond Words』CARL SAFINA（HENRY HOLT）
『自然の教科書』スタン・パディラ編（MARBLE BOOKS）
『最新世界の犬種大図鑑』藤田りか子著（誠文堂新光社）
『チョプラ博士のリーダーシップ７つの法則』ディーパック・チョプラ著（大和出版）
『愛玩動物飼養管理士２級教本』（日本愛玩動物協会）
『風土』和辻哲郎著（岩波書店）
『日本人の動物観―変身譚の歴史』中村禎里著（ビイングネットプレス）
『動物はすべてを知っている』J・アレン・ブ[illegible]ン著（ソフトバンククリエイティブ）

あとがき

16年前、「体罰」という、犬が嫌がる刺激を使ってトレーニングをする家庭犬訓練所をやめてシドニーに渡りました。そこで体罰を使うのではなく、ごほうびとして食べ物や犬が喜ぶ刺激を使うトレーニングを学んできたのです。

帰国してから、飼い主さんに「犬のしつけ」をアドバイスする仕事として出張しつけの「Ｄｏｇｇｙ Ｌａｂｏ」を立ち上げましたが、「ドッグトレーナー」という肩書きには最初から違和感を覚えていました。それはこの仕事を続けるほど大きくなっていき、そして15年経った今、「ドッグトレーナー」という仕事とは、いい意味でまったくかけ離れてしまったと感じます。

ドッグトレーナーとは、人のさまざまな都合に合わせて犬をトレーニングすることが仕事です。それに対して私がしているのは、犬の幸せを考えて飼い主さんの意識を変えること。「よりそイズム」で犬を受け入れ、信頼関係を築いてもらうために、アメリカンインディアンの教えや、心理学を取り入れて独自のメソッドを作り上げました。

その新しい仕事にふさわしいネーミングを考えていて思いついたのが、「メンタルドッグコーチ」です。これには、飼い主さんと愛犬のメンタルをサポートする、という意味があります。もちろんそのなかには、犬をトレーニングする要素も含まれるので、ドッグトレーナーとしての資質や技術は決してムダにはなりません。しかし、「生活に必要ないことを犬にしてもらうためにトレーニングする」のは、メンタルドッグコーチの仕事ではありません。「人と犬との共生のために、必要なことを教える」という範囲だと理解していただければよいかと思います。

その内容をお伝えするために、レッスンで飼い主さんにお話しするかたわらセミナーなども開催しています。受講した方々の感想文では、『心が軽くなりました』「何も変わっていないのに、愛犬がとても愛おしくなりました」「終了後、すぐに家に帰って愛犬を抱きしめたくなりました」という声を多くいただきます。

この本を読んでいただき、そんな感想がいただけたら、著者としてそれに勝る喜びはありません。

15年間、2000頭以上の犬たちから教わったことをベースに生まれたアイデアを詰め込んだこの本。出版にあたり、「そろそろ次の本、いかがですか？」と声をかけてくださった緑書房の川田央恵さんに感謝いたします。川田さんは、世に出るチャンスがなくなりかけた最初の著書『犬のモンダイ行動の処方箋』の元原稿を受け入れてくださった恩人で、中西典子を著者として産み育ててくださった方です。そして今回の出版では、イラストやデザインなどそのときのチームメンバーのみなさまにもご尽力いただき、心より感謝しています。

また、この本を世に出せることにつながった、中西のこれまでの著書を手にしてくださったすべての方にも、この場を借りて深く感謝いたします。

最後にひと言――。

あなたの犬は、犬らしく生きられていますか？

日本メンタルドッグコーチ協会　http://mentaldogcoach.com

[著者紹介]

なかにしのりこ
中西典子

家庭犬訓練所勤務ののち、『ドッグテックインターナショナル』(オーストラリア)にてドッグトレーニングアカデミーを修了。帰国後、2002年にしつけの出張指導を行う『Doggy Labo』を立ち上げる。日本メンタルドッグコーチ協会代表理事、アラン・コーエン公認ライフコーチ、プロフェッショナルドッグセラピスト。K9ゲームオフィシャルプロメンバーNo.23。愛犬はミニチュア・シュナウザー5頭。
http://www.doggylabo.com

しつけの常識にしばられない **犬とのよりそイズム**

2018年1月10日 第1刷発行
2023年1月10日 第2刷発行

著者 中西典子
発行者 森田浩平
発行所 株式会社 緑書房
〒103-0004
東京都中央区東日本橋3丁目4番14号
TEL 03-6833-0560
https://www.midorishobo.co.jp

印刷所 図書印刷

落丁・乱丁本は弊社送料負担にてお取り替えいたします。

ISBN 978-4-89531-322-3
Printed in Japan

編集 川田央恵
カバー・本文デザイン 野村道子(bee's knees-design)
イラスト ヨギトモコ
写真 中西典子